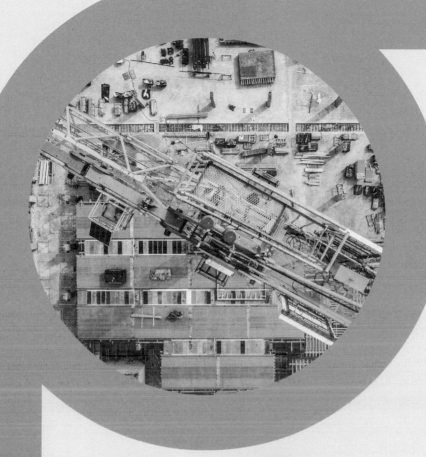

Civil Construction
Technology

土木
施工法

顏榮記 著

三民書局

編 輯 大 意

　　本書全一冊，建議每週授課時數二小時。

　　按土木工程以往包括甚多，諸如鐵路、公路、機場、隧道、橋樑以及河海、港灣、水壩（水庫）、發電、衛生、建築、地下結構等，目前已有部分分支成為一專業化的新工程，如建築工程、水利港灣工程、衛生（環境）工程。惟純粹土木工程在實用上無法完全與建築、水利港灣、衛生等工程脫離，因此本書乃以籠統之土木工程為著眼，而作多方面之介紹。

　　如因授課時間有限，可先授第一章概論、第二章土方工程、第三章混凝土工程、第四章基礎工程、第九章隧道工程、第十章道路工程、第十一章橋樑工程、第十三章鐵路工程、第十五章地下結構工程及第十六章機場工程等諸章，若有多餘時間再授其他章節，俾使學者循序漸進學習。

　　編著者學識未博，時間倉促，疏漏之處，敬請學術界、工程界先進碩彥惠予指教，俾便改進，則幸甚矣。

顏榮記　73 年 7 月 10 日

土木施工法

目　次

第四章　基礎工程

第五章　河川工程

第六章　海岸及港灣工程

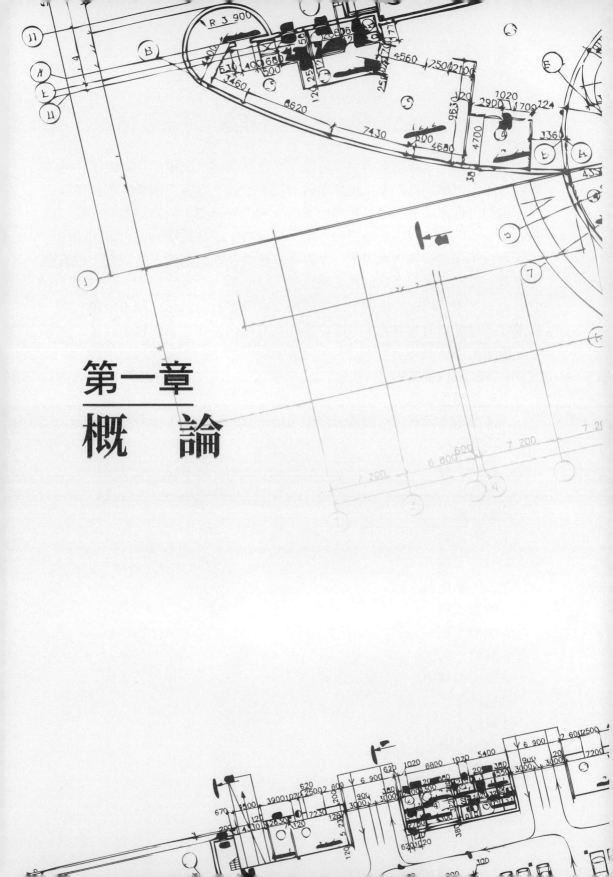

第一章
概　論

第一節　土木工程

　　所謂土木工程係指完成構築有關土木之結構物（或構造物）之工作或工事。有關土木結構物如嚴格地分類或加以下定義，則相當困難。因如建築工程、水利工程、港灣工程等無法單獨由土木工程分開，故其結構物亦難以指明究係土木結構物或建築結構物、水利結構物、港灣結構物或土木結構物，尤其上述三種結構物之基礎部分多與土木結構物基礎相同，故以其工程管理主持者之管理方式而名為何種工程為多。

　　土木工程可以完成結構物、完成後用途、建設業者等三種來分類。但一般多以工程名稱而分類如下（即以工程完成結構物或其結構種類而分）：

一、構築工程

　　1.木造結構物工程

　　2.鋼結構物工程

　　3.混凝土工程（包括鋼筋混凝土、鋼骨鋼筋混凝土、預力混凝土）。

　　4.砌石工程

　　5.砌磚工程

　　6.其他

二、地盤工程

　　1.土方工程

　　2.基礎工程

　　3.地下結構物工程

　　4.隧道工程

　　5.浚渫工程

　　6.其他

　　依完成結構物之用途而分則有：

　　1.道路 ⎫

　　2.鐵路 ⎪

　　3.機場 ⎬ 合稱交通設施工程

　　4.港灣 ⎪

　　5.運河 ⎭

6. 都市計畫
7. 上下水道
8. 防砂
9. 建地開拓
} 合稱會社環境之整備開發之設施工程

10. 發電
11. 工業區開發
12. 工商業用結構物基礎
13. 灌溉
14. 開墾
15. 其他
} 合稱產業基礎之設施工程

依建設業者而分則有：

1. 土木總括工程
2. 建築總括工程
3. 鋼結構物工程
4. 鋼筋工程
5. 鋪裝工程
6. 浚渫工程
7. 塗裝工程
8. 防水工程
9. 造園工程
10. 鑿井工程
11. 衛生工程
12. 消防設施工程
13. 圬工工程
14. 木工工程
15. 管線工程

　　土木工程多具有公共目的，在公共社會生產活動、生活環境、安全、社會福祉上占有極重要功用。因此土木工程之施工必須迎合此重要功用而妥善計畫、設計，並確實地施工，令完成結構物能夠符合公共使用目的，同時有效能、方便、安全。為達到此目的與功效，必須有周到之施工計畫與嚴格之施工管理，而且與一般生產事業一般，務必使工程能夠比較「迅速」、「安

全」、「價廉」地完成。所以土木工程應該改良施工法，或發明新的施工法，或採用施工機械等以突破困難，達到「迅速」、「安全」、「價廉」之要求。

土木工程多由公家（政府或自治團體等）為業主，發包給承造廠商（營造業）來施工，中間由業主或代理業主之顧問公司（或設計工程師）監造。

土木工程必係附著於土地者，故與一般工業生產不同，必須係工地生產（並非工廠生產），其生產條件迴異，且多為獨立之單件結構物。

土木工程受自然條件以及人為條件而有很大差異。前者如氣象、地形、地盤地質、地表水、地下水；後者如交通、搬運、工地大小、鄰近結構物狀況等。故必須作良好之施工管理，以適應其變化。尤其長期工程另有自然破壞力，如颱風、洪水、地滑；以及物價高漲、勞資等經濟變化之影響，更需妥善之施工計畫與施工管理，以達土木結構物所必須之品質。

第二節　土木施工

土木工程之結構物由計畫設計後，付諸實施製造出土木結構物之手段與方法稱為土木施工，此係狹義之定義。

土木施工之廣義定義應為自計畫設計後，付諸實施完成該結構物之準備工作、施工圖、有關圖表、工程預算之編製，以及實際工程之進行（製造），然至竣工後之整修等等，使工程能夠完善、迅速、有效、如期完成之方法。

土木施工中將工程付諸實施、進行製造或施設，及至完工時之整修部分稱為土木施工法 (Civil Engineering Field Practices)，其在學術上面研究者稱為土木施工學 (Civil Engineering Construction Technology)，前者較注重實地工作，後者較注意學理。惟一般並不嚴格區分而僅稱土木施工法或土木施工學 (Civil Construction Technology)，涵蓋實地與學理，俾便土木結構物能夠「安全」、「迅速」、「價廉」地如設計圖，如期完成之。

近十年來最新土木施工要求其施工必須「省力」、「迅速」。前者主要將人力以機械來代替；後者採用施工計畫方法之合理化、構築工程之預鑄化、施工機械之高性能化。茲再詳細列舉如後：

 1.自勞力作業變換為機械力作業。

 2.自天然材料轉變為人工材料。

 3.由鄉村、郊外集中至大都市。

4.自單純技術進展為尖端高度技術。

5.防止公害產生之對策。

土木施工之變遷極大。中國古諺之「愚公移山」以目前施工機械來施工，可指日完成，昔日較簡單之土木施工，應用於今天之複雜工程，不僅困難且無法完成。

土木技術（含設計及施工）範圍極廣且深奧，學理與實際時有所出入，兩者雖有未能吻合，但應互相切磋，以學術指導實際，以實際經驗修正學理，期使設計土木結構物與完成之土木結構物完全一致，同時達到「迅速」、「安全」、「價廉」之最高目標。

習　題

1.何謂土木工程？請概述之。

2.土木工程依完成結構物可分哪些種類？

3.土木工程依結構物用途可分為哪些種類？

4.土木工程依建設業者而分，有哪些種類？

5.土木工程與一般工業生產不同，其最大差別何在？有何要求？

6.何謂土木施工？請詳述其狹義及廣義內容。

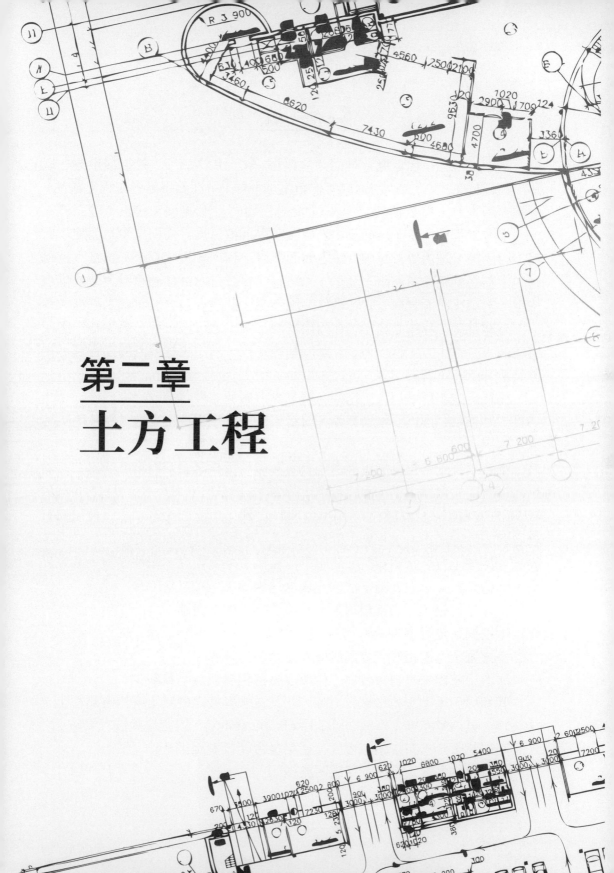

第二章
土方工程

第一節　概　述

　　所謂土方工程係地盤（地面）之挖掘（挖土或取土），挖掘後土方之搬運，至該土方之棄土或填土，或者作新生地埋設、地面整平等各工程之總稱。通常一項土方工程至少包括上述三種以上。如挖土後搬運，再填土等三種。

　　土方工程中之挖土坡面及填土坡面多以種植草皮（俗稱植生）而加以保護；對崩潰、地滑等亦採取安定之坡面保護工程。如帶狀長距之鐵路，道路之填土務必對橫斷該路線之通路、水路等之良好排水計作涵箱或隧道或排水工程。對填土路面表面安定，多作搗固作業，此等亦包含於土方工程裡。

　　有關基礎工程中之挖土，在河川港灣工程中之浚渫工程及新生地填土，廣義而言亦係土方工程，但多分屬於基礎工程、河川工程或港灣工程裡，視作其特殊土方工程。

　　往昔土方工程多以人工挖掘回填、獸力搬運，今日多改變為機械施工，「質」、「量」、「速度」增進甚鉅。前者只用於小規模或施工機械無法施工地方才採用。

　　土方工程中進行其施工計畫，必先知悉該工程之土方數量（多以立方公尺 m^3 計之，臺灣地區亦有以坪數計算者，相當於 6 台尺×6 台尺×6 台尺＝216 立方台尺，大約 $6\,m^3$，但不合理）之外，所處理土方之土質種類性質務必要明瞭。於土方工程施工計畫中，尤其對坡面及路面之安定計，必須事先調查清楚土方之有關資料。諸如單位體積重量、密度、塑性界限、液性界限、剪應力、支承力、地下水位、含水量等等。

　　土方工程施工上必須預知之土方性質大致如下諸項：

　　1.挖掘時是否容易挖削。

　　2.挖掘土方體積與未挖掘前增大（膨脹）多少。

　　3.填土時由本身自重及搗固作業之壓密程度及沉陷量多少。

　　假如採用重型土方機械施工時，尤其在極鬆緩之砂質土或軟弱黏性土上施工時，更須考慮施工機械之可走性 (Trafficability)，因施工機械（車輪）之崁入而引起行走抵抗之增減程度，甚至是否能行走施工？

　　茲就土壤性質之特徵簡略說明於後：

一、砂質土壤：

不包括礫（粒徑 6 mm 以上）及多量細粒（粒徑未滿 0.05 mm）之砂質土壤，係屬於最容易挖削部分，除非特別堅硬者以外可用拖拉機式鏟土機 (Tractor Shovel) 或人工土鏟就可以進行挖土。其挖掘後膨脹率並不大，大約係原地盤之 1.1～1.3 倍左右，地盤愈鬆弛者其膨脹率愈小，其填土後之壓實沉陷量亦小，搗固較易。反之，堅固砂質土壤即與黏性土壤相似，不易挖掘、膨脹率大。顆粒形狀沒有銳角之較圓形砂質土壤（如海濱之砂）在填土時容易崩潰，施工機械易滑行。惟普通砂質土壤除非係特別鬆弛者以外，其可走性良好。

二、黏性土壤：

主要粒徑在 0.005 mm 以下以黏性土為主體之土壤者，由於含水量之不同，產生軟弱與極堅硬不同之黏性土。軟弱者其挖掘容易，但有時黏性強大者，與挖掘機械黏著而不易將挖掘之土方放下。堅硬者其挖掘抵抗力大，不容易挖削。其特別堅固者有時必須採用十字鎬 (Pick) 或十字鎚 (Pick Hammer) 再挖掘。挖掘鬆弛後之膨脹率相當大，大致為 1.2～1.45 倍左右，其地盤愈硬，膨脹率愈大。其填土後之壓實沉陷下相當大，如含水量多者搗固不易。如挖掘場地內有積水者，施工機械之行走影響地盤，妨礙施工機械之可走性。在軟弱之黏性土中雖無積水，其可走性亦差，特別軟弱之黏性土，除採用潮濕地專用之推土機（因接地面積較小）外，一般施工機械則多崁入黏土中而不能走動。惟黏性土壤中如有粒徑 0.005 mm～0.05 mm 之粉砂 (Silt) 成分，以及粒徑 0.05 mm 以上之砂成分者，加以適當配合，並有適當含水量時，作為填土土方，則其安定性良好，施工亦容易進行。

三、礫及岩塊：

礫石之粒徑以 6 mm～75 mm 為主成分，岩塊（如較圓滑者曰卵石）即指大於礫者。一般礫用普通之土方施工機械並不容易挖掘，可採用十字鎬或十字鎚來挖開。但岩塊雖用十字鎚亦難以挖開，尤其粒徑大之岩塊者必須以炸藥來爆破而粉碎為較細小者。挖掘鬆弛後之膨脹率大約為 1.1～1.2 倍左右（與前兩者比較應視為相當大），如堅硬礫質土壤（例如開挖之砂礫）甚至達到 1.24～1.45 之膨脹率。作為填土時其壓實沉陷量較小，倘不含大塊岩塊之礫之搗固即容易。在搗固平坦之礫上之可走性甚佳，但搗固不實或凹凸不平之礫面之可走性即甚差（抵抗太大）。

四、表土：

含有多量有機質土壤之表土，通常極軟而容易挖掘，但強度不佳，不適合於填土用，其可走性亦不佳。

五、岩石：

岩石有軟岩以及硬岩，其種類甚多。其挖掘極難，所以通常需用炸藥來爆破後再挖掘。其爆破後之岩石空隙非常大，其膨脹率在軟岩自 1.3 至 1.7，而硬岩即自 1.6 至 2.0 左右。使用於填土者，其收縮量相當大，而搗固亦很困難。

由於上述，當計畫土方工程時，依需要必須作好其土壤試驗以瞭解該土質，再行選擇適當之施工方法。

在進行土方工程計畫時，其挖土、填土位置及形狀等依測量加以測定，再進行土方計算，盡可能使挖土及填土間能夠平衡以節省工程費用，且縮短工程期限為先決條件。因此務必由各方面調查該土方工程之施工條件，以確立適宜之對策。

土方工程必須調查之條件大約列舉如下：

1. 工程種類：如道路、堤防、鐵路等。
2. 工程規模大小：如土方數量及其範圍等。
3. 工程場地：如地理條件、氣象、降雨日數、地表水及地下水等。
4. 土壤種類：如一般土壤、礫、岩石等，挖掘之難易度、土方數量變化率等等。
5. 工程期限。
6. 勞工、土方機械司機之召募難易度及工資。
7. 可能使用之土方施工機械及機械經費。
8. 鄰接道路、工地內之搬運條件之難易、搬運距離。
9. 鄰近已有構造物，相關之其他工程間關係。
10. 土方採取場取及棄工場地之狀況。
11. 工程指示：如工程完工後有關之要求事項。
12. 陡峻坡地者，其地滑、土方崩潰等危險性之存在與否。

第二節　土壤調查

壹、調查計畫

　　任何土木結構物之興工，應自計畫、調查、設計、施工、維護管理等過程而進行。就中之調查，在基礎地盤之土壤調查占有極重要之地位。進行有效率之調查，必須樹立合理之調查計畫，因其優劣將影響調查成果。

一、調查計畫之樹立：
　　1.加以研究：該土方工程以後所興建之結構物之型式、規模大小、載重條件。
　　2.實地調查：調查現有結構物情況、有關文獻資料紀錄、地形圖及地質圖，以及目前工地情況，必要時再作簡單之實地調查實驗或採樣（如傾斜坡地）。
　　3.檢討：地質狀況、設計施工上可能發生之諸問題，以及臨時設施或湧水等問題之解決。
　　4.計畫：依把握調查目的，決定調查方法，整理成果及分析方針及考慮施工期限而作好調查計畫。進而編製人員、組織、工程管理、工程預算編製、計畫作業進行程序等，妥善地作實施計畫。

二、依對象之調查種類：
　　1.探鑿 (Boring)：所有土木（建築、港灣、河工、衛生等均在內）工程均需要作探鑿調查。
　　2.標準貫入試驗：建築物、橋樑、填土、擋土牆（碼頭）、地盤改良均需要作此試驗。河工、挖掘、臨時工程亦普遍採用之。
　　3.葉片剪力試驗 (Vane Test)：地盤改良務必作此試驗，橋樑、填土、臨時工程亦普遍採用之。
　　4.土質試驗：建築、填土、擋土牆、碼頭、挖取、臨時工程、地盤改良應採用之。橋樑、河工等亦常用之。
　　5.孔隙水壓測定：地盤改良務必測定之。臨時工程、河工、擋土牆、碼頭、填土、橋樑亦常用。

　　6.工地透水試驗：河工時必須試驗之。建築、隧道、擋土牆、碼頭、臨時工程等常需要試驗。

　　7.沉陷測定：地盤改良必須測定之。填土亦常用。

　　8.地表地質調查：堰壩、隧道、岩石山等必須調查之。

　　9.地震調查：堰壩、隧道、岩石山應調查之。

　　10.電氣探查：未必調查，但堰壩、隧道可視需要而探查之。

　　上述係包括岩盤，軟弱地盤所作一般性調查，實際上務必應需要作各別之具體調查。

貳、設計施工上必要之調查

　　結構物在設計施工上獲得所需要之資料而施行之土壤調查，以及施工管理上所需要之土壤調查雖有些不同，但大致相同，茲不加區分而簡述於後：

一、探鑿調查：

　　1.探鑿調查種類與適用範圍。

　　⑴軟弱地盤可用手工螺旋鑽 (Hand Auger) 與轉鑽 (Rotary Boring)。前者適合於黏土、淤泥、壤土、砂壤土等，其深度約 5 公尺至 6 公尺，作業人員三人，於道路鐵路等路床調查時多用之，同時可一併採取土樣 (Sample) 作試驗。後者適合於黏土、淤泥、壤土、砂、礫，其深度不拘，三人作業，用於建築物、堰壩、隧道、橋樑、填土、地滑、地下水等之調查。且同時可並行標準貫入試驗、土樣採取、透水試驗、孔隙水壓試驗等。

　　⑵岩石地盤應用金剛石探鑽 (Diamond Boring)。適用於堅硬岩石，深度不限。三人作業，於隧道、堰壩、岩石山等之調查。同時可進行透水試驗與灌漿試驗。

　　2.探鑿機械 (Boring Machine)

　　　螺絲鑽 (Soil Auger) 鑽探

　　　沖水鑽探 (Wash Boring)

　　　取土器鑽探 (Tube-Sample Boring)

　　　岩石鑽探器 (Rock Drilling)

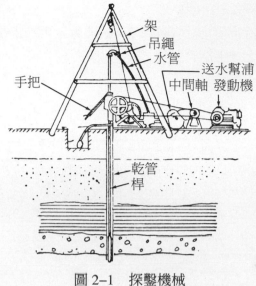

架
吊繩
水管
送水幫浦
中間軸 發動機
手把
乾管
桿

圖 2-1　探鑿機械

二、重錘鑿打鑽桿 (Sounding)：

1.適用之地盤性質與方法：

⑴地質不明地盤時，宜用標準貫入試驗 (Standard Penetration Test)。可採取土樣並知大致強度，作為初步調查最合適。

⑵砂、礫為主體之地盤：宜用標準貫入試驗及較大之動態貫入試驗。

⑶相對密度在中等以上之砂、淤泥交替層及黏土地盤時（即 4 < N < 30 者），宜用標準貫入試驗、較大之動態貫入試驗、中等貫入試驗等。

⑷相對密度在中等以下之淤泥及黏土地盤：（即 2 < N < 4），宜用中等動態貫入試驗，荷式錐鑽 (Dutch Cone)、瑞典式打鑽桿、十字片鑽 (Vane)。

⑸特別軟弱黏土、淤泥等地盤（即 N < 2）時，採用小型十字片鑽等。惟應考慮者雖係靜態試驗法中，宜修正試桿自重引起之貫入抵抗。

2.標準貫入試驗：

標準貫入試驗係用於測定土壤種類、硬軟度、搗固之相對值「N 值」。所謂 N 值指以 63.5 公斤重錘作 75 公分高之自由下墜時，將標準貫入試驗用試樣打進 30 公分深度所需數之打擊數目。

3.瑞典式測深機：

使用時其貫入抵抗值，係將靜態貫入重錘重量再加上 100 公斤並旋轉下，其貫入每一公尺時之一半旋轉數所表示。

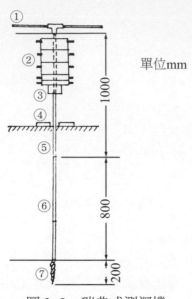

圖 2-2　瑞典式測深機

4.動態貫入試驗：

以三叉架支持重錘（以滑車連接）前端有試桿。有大型與中型者。

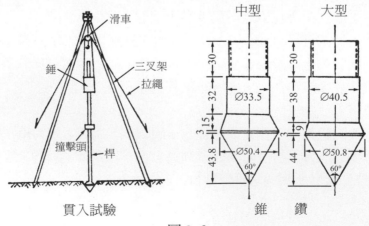

圖 2-3

5.靜態貫入試驗：

　如下圖 2–4 係輕便型錐鑽 (Portable Cone)。圖 2–5 係荷式錐鑽。後者適用於卵石以外土壤，其中套錐 (Mantle Cone) 係雙重管。

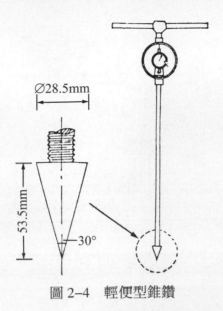

圖 2–4　輕便型錐鑽

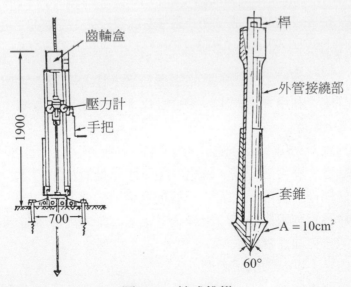

圖 2–5　荷式錐鑽

6.葉片（瓣）試驗 (Vane Test) 或稱十字片鑽試驗：

適用於軟質黏土地盤。有應力控制型 (Stress Control) 及應變控制型 (Strain Control) 兩種，後者較常用。

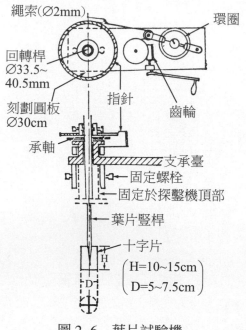

繩索(∅2mm)
環圈
回轉桿
∅33.5～
40.5mm
指針
齒輪
刻劃圓板
∅30cm
承軸
支承臺
固定螺栓
固定於探鑿機頂部
葉片豎桿
十字片
H
H=10~15cm
D
D=5~7.5cm

圖 2–6　葉片試驗機

三、物理性探查：

物理性探查包括重力、磁氣、地溫等探查。比較有關係者如後：

1.地震探查：利用彈性波動、傳播速度。主要應用於堰壩、隧道、坡面等地質構造者。

2.電氣探查：利用電氣分極、通常電流、電磁氣求分極、抵抗比、透磁率、透電率等量。適用於堰壩、隧道、地下水等地質構造者。

3.輻射能探查：利用輻射能，一般地質構造均適。

4.物理檢層：利用探鑿孔口來探查其電氣、輻射能、彈性波速度等。可用於分析地盤之物理性質。

四、試驗室內之土壤試驗法與範圍：

由工地採取土樣 (Sample) 後，在土壤試驗室內，作下述各試驗，以明瞭土壤情況。

1. 土壤物理性質試驗：

　⑴測定含水量（比）。

　⑵測定土壤密度：包括工地密度試驗。

　⑶測定其比重。

　⑷液性界限試驗。

　⑸塑性界限試驗。

　⑹收縮界限試驗。

　⑺測定遠心含水當量（含工地含水當量）。

2. 土壤化學性質試驗：

　⑴有機物含量之測定。

　⑵硫酸鹽等含量之測定。

　⑶PH 值之測定。

　⑷可溶性成分試驗。

3. 土壤之力學性質試驗：

　⑴直接剪應力試驗。

　⑵一般壓縮試驗。

　⑶三軸壓縮試驗。

　⑷壓密試驗。

　⑸透水試驗。

　⑹搗固試驗。

　⑺CBR 試驗。

五、利用探鑿口孔之土壤橫向變位測定：

　椿 (Pile) 對橫向荷重之安定分析時，必須先求得該土壤之橫向地盤係數（K 值）。吾人可利用現成之土壤空孔口（探鑿後所遺留者）來試驗求之。

六、工地透水試驗：

　由於工地地層條件、濾網位置、試驗方法之不同，有各種透水試驗。一般有下列諸方法：

　1. 蒂姆 (Thiem) 方法。

　2. 試管法。

　3. 水壓計法 (Piezometric method)。

　4. 螺旋法 (Auger method)。

　5. 單孔注水法。

七、孔隙水壓測定：

孔隙水壓之測定儀器有多種，務必作長時間之觀察測定方可。

八、沉陷測定：

沉陷有時由於地質構造（如臺北盆地抽水下陷），有時由於結構物或填土而引起。

填土引起之沉陷者，在緊密層時用錐型沉陷測量計，其他時可用螺旋型沉陷測量計，有時用平型沉陷測量計。

填土以外之沉陷量測定大多利用觀測井來測定之。

九、深層負荷試驗：

本試驗適用於樁先端之支承力及其周圍摩擦力之探求。可求出地下相當深度處（如 15 公尺以上）降伏載重量及摩擦力。但必須在樁之位置或鄰近位置試驗之。

第三節　挖　方

所謂土方工程包括土方之挖掘、搬運、填土、整平、搗固等等，而其首要在第一步之挖掘工作，俗稱挖土或挖土工程，在比較堅硬土層（包括岩石）時亦曰挖削或削掘。

往昔以人力及獸力作挖土作業，其工作量太低、效率差，為施工迅速且確實計今日已多採用機械化作業，同時可將挖掘之土方作為有效之土木結構物之材料來使用。

一、挖土工程之施工機械：

挖土進行作業時所使用挖掘機械，由於目的之不同而採用適當之數種不同機械。茲以挖掘方法之不同而分類說明於後：

　1.鏟土 (Shovel) 方法：

可使用鏟土機 (Power Shovel)、鋤土機 (Back Hoe)（俗稱怪手）、牽引車式鏟土機 (Tractor Shovel) 等。

　2.拉索戽斗式扒土 (Drag Bucket) 方法：

可採用拉鏟挖土機 (Drag Line) 或稱扒土機、搭式挖土機 (Tower Excavator)、輪式挖土機 (Bucket Wheel Excavator)、削土機 (Slack-line)、扒式刮土機 (Drag-Scraper) 等。

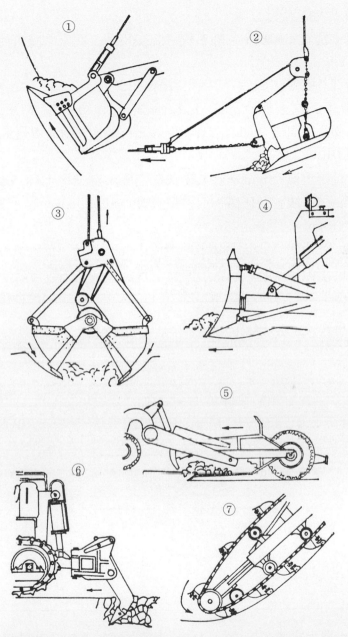

①係鏟土方式，②係拉索戽斗扒土方式，③係抓土方式，
④係刮土方式中之使用推土機，⑤係刮土方式中之使用刮
土機，⑥係犁土方式，⑦係連續戽斗方式。

圖 2-7　各種挖土機械

3.浚渫 (Grab) 方式：

使用抓土機 (Clamshell)、抓石機 (Rockshell)，在水中時可使用鉤爪或抓斗 (Grapple) 形式之抓土機。

4.連續戽斗式：

使用聯斗式挖土機 (Ladder Excavator)、有輪式挖溝機 (Wheel Type Trencher)、梯式挖溝機 (Ladder Type Trencher)、普通挖溝機 (Ditcher)。

5.削掘 (Blade) 方式：

使用各種推土機 (Bulldozer)、輪式推土機、刮土推土機 (Scrapedozer)、刮運機 (Scraper)、曳引刮運機、曳引平土機 (Motorgrader) 等。

6.犁土 (Ripper) 方式：

使用推土除根機 (Dozer-Rooter)、除根機 (Rooter)、犁土機 (Ripper) 等。

進行實際挖土作業時究竟選用何種方式，應就土壤質地之硬軟度、挖掘部位（地面或地下）、地形、搬運方法等才能決定。如採用挖掘機械施工者，其土質大致如下：

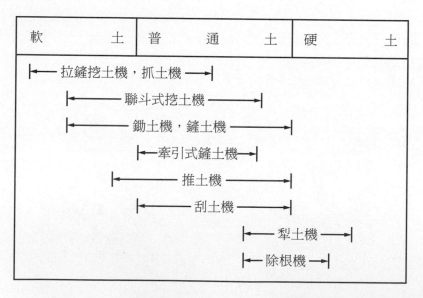

在軟弱地質上之施工機械如無法行走時，宜墊敷木板或軌條，且固定施工機械，而採用活動範圍較廣之吊桿進行挖掘。但挖掘效力不致太大。倘範圍大者，可改變採用其他方式，如拉索戽斗扒土機方式、浚渫方式、連續戽斗式等，甚至採用鏟土方式中之推土機方式亦可。

　　在一般普通土質上施工機械可以自由行動者，對富於機動性之施工機械甚有效。其搬運距離較短者可用推土機一併進行挖掘與搬運作業。較中等距離者，可採用刮土機，可同時進行挖掘及裝載。如長距離者宜採用專門作挖掘及裝載作業之鏟土機方適合。

　　在軟質岩石之挖土，近來多採用除根機 (Rooter) 及犁土機 (Ripper)，而不必如以往必須先行爆破再行挖掘，而直接挖掘，時間、勞力等可節省甚多。惟除根機多用於樹根等之掘削，軟石多以犁土機來掘削。但軟質岩石之軟度究以何種為上限，必須由各種土壤調查方能判定。其最簡單者係彈性波調查。其方法以彈性波速度 (km/sec) 與土壤之犁土性 (Ripperbility) 有關，大致土壤愈軟，彈性波速度愈小（約 1 km/sec），挖掘愈容易，可參照土壤力學中土壤試驗調查與力學性質。於實際判定時總要相當高深之地質學上學識方能判斷。

二、岩石之挖掘

　　較軟之岩石可利用上述之犁土機、除根機來挖掘。但一般岩石即需要爆破再挖掘。岩石之爆破由於岩石大小、地形、爆破後之機械處理方法等之不同，可分為：

　　1.大塊石爆破。

　　2.地盤下爆破。

　　3.臺階式 (Bench Cut) 爆破。

　　4.大型爆破。

下圖 2-8 係其概略。

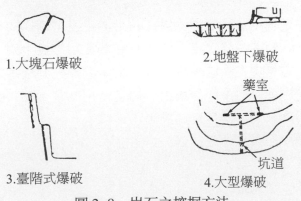

圖 2-8　岩石之挖掘方法

　　大塊岩石係爆破為較小塊，俾便挖掘。其作法係將炸藥放置於岩石上，再以泥土覆蓋而引發爆破之。惟效果不彰而改以鑿岩錘 (Jackhammer) 先行打孔進入岩塊中，再裝上炸藥而爆破之。其所需要炸藥量視岩塊大小與爆破之大小而異。

　　地盤下爆破適用於爆破後可用推土機處理之小型規模之爆破。有時亦適合於最後地面之整修。因爆破效果不佳炸藥量多（比臺階式爆破多出 1.5 至 2 倍），不常用。

　　臺階式爆破方式最常用。小者自每一臺階約一公尺高，而以鑿岩錘打孔，大者有每臺階二十至三十公尺高，而以爆炸孔式鑽機 (Blast hole drill) 打孔者。本方法具有利用爆破後岩石之重力之優點。

　　大型爆破法係僅使用於除卻大量岩石。進行前宜妥善地檢討考慮，否則引起山崩以及施工之困擾。

　　爆破所需之打孔大小，由於岩石硬度、龜裂之大小、工程規模大小而異。如採用鑿岩錘者口徑為 38～50 mm，深度為 1～3 m。如用架式鑿岩機 (Drifter)，口徑為 40～105 mm，深度為 2～15 mm。如用活塞穿孔機 (Piston drill)，其口徑為 130～477 mm，深度為 20 m。如用旋轉鑿岩機 (Rotary drill) 之口徑為 30～800 mm，深度可達 100～300 m，但多用於探鑿用。如用爆炸孔式鑽機者，口徑為 150～170 mm，深度為 80～90 m。

第四節　填　方

　　土方工程中之填土及其搗固係對在其上面之土造結構物良窳之決定具有極重要之作業。一般要做好優良之填土有必要使用優良土壤，但從經濟觀點而言，因未必能常得優良土壤，故宜以當地土壤作充分適當之活用為上策。惟惡劣土壤（特別地）寧可作為棄土，切勿使用為宜。在一般道路之填土工程裡，可參照下列來判斷其是否為棄土。

　　填土上不採用之棄土判定：

　1.判定因素：

　　⑴無法進行機械施工。

　　⑵完成之土造結構物之必要諸性質不充足時（如強度、透水、變形等）

2. 判定方法：
　　⑴自然含水率。
　　⑵液性界限。
　　⑶單軸壓縮強度。
　　⑷土壤分類。
　　⑸搗固試驗之最大密度。

　填土（除棄土以外）必須搗固方能為優良之土造結構物，或土木結構物之基礎。故搗固應依作業條件及土質而妥善進行之，其一般搗固標準如後：

1. 搗固土壤之物理性質：
　　⑴密度
　　　對填土部分各別規定其搗固程度（如依路形、路床、路盤、回填等）。
　　　搗固試驗之最大乾燥密度，各個規定其搗固程度。
　　　依土壤種類，分別規定其搗固程度。
　　⑵含水率
　　　求最適含水率以及低於此 3% 至 10% 含水率。
　　　再求最適含水率前後（即 ±2%～±10%）。
　　　另求低於最適含水率 3%～5% 以上之含水率。
　　⑶空氣間隙比
　　　規定其空氣間隙比在 5%～10% 以上者。

2. 搗固土壤之強度特性：
　　⑴K 值。
　　⑵C.B.R 值。
　　⑶貫入抵抗值。

3. 搗固方法：
　　⑴規定搗固機械之種類及大小。
　　⑵規定每層搗固之毛厚度，輾壓次數。

　在上述密度規定中有兩種方式。一為因應結構物部分來改變其搗固程度，一為因應土壤性質而改變其搗固程度。前者用於荷重較大，或將來其沉陷會引起重大因素時，應用高密度之搗固方式。後者用於容易搗固土壤時希望有更好之搗固，而不容易搗固之土壤時，希望不必多花無謂經費來搗固亦可行之實用方式。

如欲更好地搗固，使其達高密度時，其室內之搗固試驗應有 95% 以上之最大乾燥密度。在普通之搗固時，其密度即在 90%。

以含水率規定搗固程度者，為獲得較高之密度計，最好以最佳含水率前後之含水率來搗固之。因為土壤強度並非在最佳含水率作最大密度之搗固就可，而係在密度寧可稍低且含水率稍低於最佳含水率之下搗固時方獲得最大強度。以高於最佳含水率之含水率下來搗固時，其填土作業中，在填土內部產生過剩之孔隙水壓，為防止計在比最佳含水率較乾燥一邊進行搗固。又以稍高於最佳含水率之含水率下搗固時，其搗固土壤之透水性變形最小。因此必須依結構物之目的選擇適當之方法作妥善之土壤搗固。

天然含水率較高之黏性土，實際上多不可能用最佳含水率前後來搗固，因此不得不採用空氣間隙比之規定。

填土工程中必須一層一層填土，一層一層加以搗實，搗實之方法可用衝擊式、輾壓式及振動式各種。茲將填土搗實時所用施工機械及其適用土壤範圍於後：

一、衝擊式：

其使用施工機械有夯壓機 (Rammer)、 夯實機 (Tamper)、 蛙式夯壓機 (Frog-Rammer)、可飛躍之壓實機 (Compacter) 等。適用於礫、砂礫混合土壤、乾燥砂質淤泥，以及乾燥黏土等之搗實作業。

二、輾壓式（或稱滾壓式）：

1. 膠輪式輾壓路機 (Pneumatic Tire Roller)

   適用範圍為支承力 $1.4\sim2.8\ kg/cm^2$ 之砂、 砂礫混合土壤， $2.8\sim4.6\ kg/cm^2$ 之砂質土壤，$4.6\ kg/cm^2$ 以上之乾燥黏土。

2. 夯搗式壓路機 (Tamping Roller)，包括圓錐形 (Tapper Foot)、 羊腳形 (Sheep's Foot) 等， 格網式壓路機 (Grid Roller)， 碎片式壓路機 (Segmented Roller)。適用範圍為支承力 $3.5\sim7\ kg/cm^2$ 之砂質土壤，$7\sim14\ kg/cm^2$ 之乾燥黏性土壤，$14\sim28\ kg/cm^2$ 之乾燥黏土。

3. 鐵輪壓路機 (Steel Wheel Roller)

   適用範圍為支承力 $30\sim40\ kg/cm^2$ 之砂質土壤，$40\sim60\ kg/cm^2$ 之乾燥黏性土壤，$50\sim80\ kg/cm^2$ 之礫及乾燥黏土。

三、振動式：

有不飛躍而固定之振動壓實機 (Vibratory Compactor)、 振動壓路機 (Vibratory Roller)、振動膠輪壓路機 (Vibratory Tire Roller) 等，其適用範圍為礫、砂礫混合土壤、砂質土壤。

假若要求填土強度為先決條件者，必須事先規定其強度。採用 K 值、CBR 值以及強度等。所用於填土之土質比較均勻者，且事先已充分進行其搗實試驗時，由於該試驗成果可以具體地規定其搗實滾壓機械種類及大小，每一層填土之厚度（含毛厚度及淨厚），輾壓次數等。

進行填土搗實作業之施工機械甚多，其適合範圍已如上述。實際上務必再考慮工地地形、工程規模大小、所需搗實程度等慎重選擇適當之機械與方法，同時天候氣象亦應考慮，尤其下雨天及雨後應有相當之修正，我國第一號國道（即中山高速公路——俗稱臺灣南北高速公路）之嘉義臺南間區段之填土品質不盡理想，其原因多少與此有關。

土造結構物應選擇適合土質及充分搗實方能發揮其效果。尤其安定斜面，而後才能完全發揮。在重要土造結構物之斜面務必作其斜面安定計算。如圓形地滑面，應對地滑面中心力矩檢討是否平衡（詳見土壤力學）。

一般道路工程填土之安定斜面（坡面）坡度大約自粗細砂之 1.5:1，堅固土之 1.5～2.0:1，軟岩石之 1.2～0.3:1，砂岩之 0.3～1.0:1 至硬岩之 0.1～0.3:1 不等。如果斜坡面不安定者可採取：減少高度、緩和坡度、填土兩側作壓墊土、設擋土牆、打樁、設排水溝等方式來改善之。

填土斜面之表面應防止其被浸蝕，以確保其安定。防止侵蝕方法有：植生覆蓋（如種草皮）、噴水泥沙漿、混凝土板之張貼、鋪設混凝土塊、砌石、水泥及土混合料之鋪裝等等，宜以地形地勢、天候氣象妥善選用之。

第五節　搬　運

土方工程中之土方移動，可用人力、獸力、機械力等很多方式，主要視其搬運距離、地形、土質情況而採用不同方法。因為土方一般都相當大，為經濟迅速安全計，目前均以機械力來搬運。茲略述土方搬運常用之機械於後：

　1.推土機 (Bullzoder)、刮運機 (Scraper)：主要使用於工地外道路之搬運。搬運時盡量使送土之路線平坦化，減少搬運車輛之行走抵抗。

2. 動力刮運機 (Motor Scraper)、拖曳車 (Trailer)、傾斜卡車 (Dump Truck)：設有專用工程道路處方能使用，其維護狀態之良窳影響施工效率，修繕費甚大。

3. 運輸帶 (Belt Conveyor)、索道 (Cableway)：在無法施設專用搬運道路之地形下所使用者。在短距離搬運適用運輸帶，在長距離且特別複雜地形下，但搬運量並不大者適用索道。一般而言，大量土方之搬運還是採用運輸帶較佳。

4. 小型卡車（俗稱鐵牛）：運輸量較小，距離短者尚可使用，但經濟效益不佳。

5. 水上運輸：靠河邊、運河邊者可用船隻來搬運，其效果相當良好。

6. 軌道運輸：在運輸量大、距離遠、地勢平坦時可採用輕便軌條作軌道運輸。由裝土地點至卸土間鋪設輕便鐵軌（多係窄軌），以人力、獸力、機車牽引等方式來運土。用機車作動力者有：蒸氣機、蓄電池、電力、汽油、酒精、柴油等。

　　搬運機械之搬運能力，應由牽引力之行走抵抗（即輸送抵抗）關係來決定。在路面行走之搬運機械，由路面摩擦力（剪應力）求出其最大牽引力。在軟弱地盤之可否行走，其可走性 (Trafficability) 至為重要。一般可用圓錐貫入儀 (Cone Penetrometer) 作試驗而制定。詳見土壤力學。

　　上述各種搬運車輛（機械）之適當搬運距離大約如下：

1. 推土機：自 10 m 至 50 m，最遠可達 100 m。

2. 刮運機：自 50 m 至 500 m，最遠可達 700 m。

3. 動力刮運機：自 300 m 至 1400 m，最遠 2000 m。

4. 拖曳車輛：自 300 m 至 2000 m，最遠 3000 m。

5. 傾斜卡車（含小卡車）：500m 以上，最短至 300 m。

6. 運輸帶：不限遠近。

7. 索道：最短 100 m 以上。

8. 水上（船）搬運：最短 1000 m 以上。

9. 軌道運輸：90 m 至 1300 m 採用獸力搬運，超過 1300 m 以上且總土方在 30,000 m³ 時，宜用動力機車來搬運。

第六節　軟弱地盤之處理

土方工程之挖土，倘土質良好或加以混合調配即可作為土造結構物之材料而使用之，否則搬移工地到適當地點作為棄土處理、拋棄而已。但在填土工程中，本身土質需要適合於填土條件而進行適當之填土搗實作業外，其基礎之地盤不良而軟弱，則上面填土作業再好亦無濟於事，於竣工後必定招致失敗。因此填土工程前務必事先瞭解其地盤狀況，如不適合於填土工程之地盤者必須加以妥善處理，以避免土造結構物之崩潰以及再上層結構物之破壞。

軟弱地盤之處理，亦曰地盤改良，其處理方法不外乎刪除不良部分改放良好土壤與加強原來土壤兩種。茲說明於後：

一、置換方法

本法係將軟弱地盤刪除後，改放良好性質之土壤之工法。其原理極單純，但效果甚明顯。刪除原先軟弱地盤加以遺棄較容易，但改換之良好土壤之獲取卻不簡便，務必慎重考慮。

土壤之置換工法有下列各種：

　1.全部挖掘後之置換工法：

最可靠且可獲得完滿效果者。在陸地上一般軟弱地盤大約五公尺以內厚度，可全部挖掘遺棄，再填入良質土壤而搗實之。在水中者可用浚渫機械挖掘之，最大挖掘可到水面下二十公尺左右。

　2.壓出工法：

依填土自重來置換之工法也，或曰載荷置換工法，多用於道路、堤防等。本法不能完全置換，故如軟弱土砂不規則地剩留於填土下面時，可能產生上面結構物之不均勻沉陷。施工時必須考慮當加壓將四周土砂推上時，對鄰近土地之影響。

　3.噴水 (Water jet) 工法：

在軟弱地盤表面上約挖掘二公尺深，在其上面填土並對軟弱地盤底面以噴水槍（管徑一吋，使用 $2-10\,\mathrm{kg/cm^2}$ 壓力，與軟弱地盤厚度約略相同間隔處）灌注加壓水，令軟弱土壤提高含水量而軟化，而由於填土自重，將軟弱土壤向橫向推出之施工方法也。

　4.爆破工法：

本法將炸藥裝設軟弱地盤中而爆破之。又可分為：

⑴依爆破作全挖掘者。

⑵在置換之土壤全面作爆破者。

⑶在填土下面作爆破者。

　下圖 2-9 係置換土壤前面加以爆破而推出之方法（上、中）及在填土下面爆破之方法（下）。

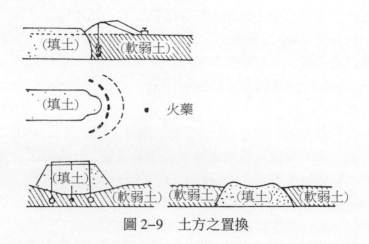

圖 2-9　土方之置換

二、排水工法（脫水工法）

　1.點井法 (Well Point Method)

　所謂點井嚴格說應係指口徑 6.5 cm（兩吋半）之小口徑水井，且在其先端具有 5 cm 至 6.5 cm（兩吋或兩吋半），長 1 m 之吸水器具，其四周有過濾金屬網。

　點井工法利用井尖端吸水器抽取土壤含水（俗稱地下水），再由抽水機抽出，送出地表面外，以降低地下水位，令土壤空隙減少，以便其搗實或填土加壓。有時作為挖開土面時四周土壤之安定保護用之安全設施前之抽取地下水作業。

　點井法使用範圍甚廣，但並非任何土壤均適合。如黏土細顆粒者其吸水送水困難（因透水性不佳）。粗細砂、無機質之粗游泥、黏質砂土比較適用。

　點井法應先進行下列各種調查：

⑴工地土質情況。

⑵透水量。

⑶工程用水之水源。

⑷排水處理設備。

⑸地下水位下降引起對鄰近之影響。

點井吸水器深度應達需量改良地盤面（或挖掘面）以下 1.5 m 至 2 m 深。點井全部深度（即抽水深度）在理論上不可能達十公尺，但實際上為六公尺較宜。每一點井之抽水量自每分一公升至每公一百公升不等，以每分二十公升至五十公升較適當。點井設置間隔由於總抽水量 (Q)，每一井抽水量 (q) 及抽水面積（矩形）之長，短邊長 (L, b) 而異。

$$d = 2(L + b) \div n$$

式中 d：點井間隔

　　n：Q/q

　　Q, q 之單位為 ℓ/min，d, L, b, 為 m

點井工法之點井很多，但抽取地下水之抽水機不必每一點井都有。即數個點井配置一抽水機就可。抽水機數目 (n_p) 與抽水機本身之抽水量 (q_p) 及總抽水量 (Q) 有關

$$n_p = Q / q_p$$

抽水機數 n_p 如需二部以上時，其設置間隔務必盡量相等，以避免負荷之不同，並保證其品質。

點井法所用之尖端吸水器具及地面上之抽水機以及附屬配管種類甚多，其材料、容量種類亦多種，此處不加詳細說明，僅以下圖之點井設置標準圖代替之。

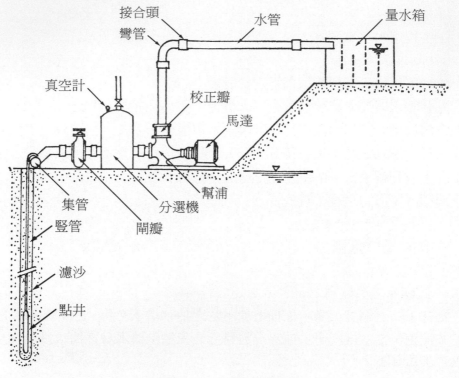

圖 2–10　點井標準圖

2.砂井 (Sand Drain) 工法

在飽和之軟弱地盤中灌注砂柱，與上面砂層相通之，而將軟弱地盤中水分擺脫、排出，促進軟弱地盤壓實，增加地盤之強度方法稱為砂井工法。

一般砂井工法最常用者係在砂土先行載荷 (Pre-load)。又可利用點井法下降地下水，再利用該部分之增加載重。

砂井工法之砂井有兩種方式：

⑴以臺座型樁 (Pedestal Pile) 形成方式，以口徑 40 cm 至 50 cm 鋼管先端作活動覆蓋，再用落錘 (Drop Hammer) 將鋼管打進地盤內，填充砂後以壓縮空氣控制管內砂，而抽拔該鋼管。

⑵以噴水槍 (Water Jet) 在地盤內打 20 cm 至 30 cm 口徑之穿孔，而在穿孔內填充砂。

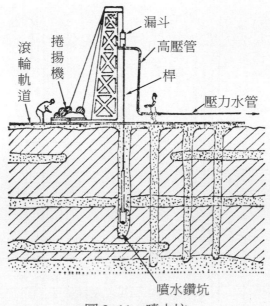

圖 2–11　噴水坑

　　上兩法中前者歷時較久，當地盤係銳敏黏土者，常易與砂混合，致強度減低，且深度較深者須作架塔等，工程費較昂貴。後者即沒有此欠陷，但用水量多，在供水困難地方即不利。噴水槍方法作砂井者，另以噴水坑（槽）(Jetting pit)，由此坑送加壓水，由坑 (pit) 先端將加壓水噴出，上下移動此坑，即可噴碎黏土而將地盤穿孔。其所噴碎屑片即由噴水槍之水往地面流溢，然後將噴水槍之坑（槽）抽出地面，再以砂灌注噴水坑槽所遺留之空柱，形成砂樁 (Sand Pile)。下圖 2–12 係一般使用之噴水坑槽及套管式者。

　　砂井工法中最危險者莫過於穿孔後未灌注砂柱以前，其孔壁之崩潰，致無法灌注砂柱。惟經驗告知，自然沖積土層雖甚軟弱，但不致崩潰。但新生地之填埋不久者，其表層 4～5 m 尚係在浮泥狀態，恐有崩潰之虞。地表面為砂泥亦有此危險。如此情況者，可採用口徑 30 cm 左右之套管 (Casing Pipe)，套在噴水坑之外面再穿孔即可（參照圖 2–12）。一般砂柱口徑自 30 cm 至 50 cm，長 20 m 以內。

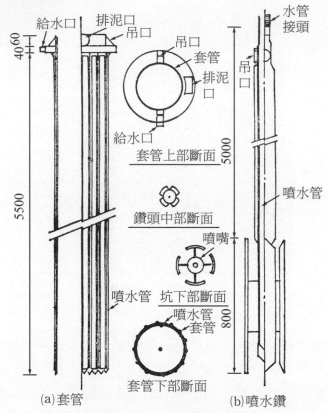

圖 2-12 套管噴水坑

3. 卷紙排水工法 (Paper Drain)

本法與砂井工法 (Sand Drain) 之原理完全相同之排水方法。 在軟弱地盤中代替砂柱而以卷紙插進，使其在黏土或淤泥間之孔隙水，經卷紙表面浸透，然通過卷紙中之連續水孔加以排水之方法也。

卷紙排水工法之用紙係紙寬 100 m，厚 3 mm，內側有約 3 mm² 剖面積之排水用小孔（縱向），其含水時之透水係數約 $10^{-4} \sim 10^{-5}$ cm/sec。紙重約每公尺 0.2 kg，每卷 400 m 之圓筒狀。有時為增加水中強度，在卷紙上浸透細菌驅除用砒鹽和樹脂類。

卷紙打進土層時只要能夠在所需位置，紙張不致潮濕而被切斷者，任何方法均可。其最大深度可達 20 m。一張卷紙相當於口徑 5 cm 至 3.3 cm 之砂柱效果。如砂柱周長為 Ws，卷紙周長為 Wp 時，Wp/Ws=1.3～2.0。倘砂柱

間隔已知，可利用下圖 2-13 兩者之間隔關係圖求得卷紙排水之間隔。

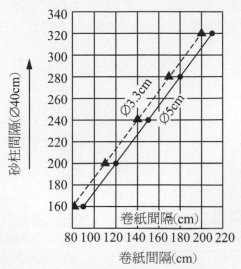

圖 2-13　砂柱與卷紙排水之間隔關係

4.電氣浸透排水工法 (Erectro-Osmosis)

在飽和（孔隙水）土壤中插入電極，通過直流電流時，其孔隙水必向陰極附近集中。本工法即利用此原理來改良軟弱地盤者。本法主要適用於黏性土質之軟弱地盤。

所用電源多為 105 千瓦之直流發電機，兩極間電壓為 70 伏特，電流為 1500 安培。排水壓力自 1.7～2.1 kg/cm^2，排水量為 86 ℓ/sec，陰極口徑係 25 cm。

三、振動搗固工法 (Vibrofloatation)

在砂質等地盤中灌水飽和之，而加以振動，令鬆懈之砂質地盤進行搗固，改良為比較均勻之良好地盤，增進其土壤支承力並抑制地盤下陷者稱為振動搗固工法 (Vibrofloatation)。可分為下列諸種：

1.振動搗固工法

本法適用於軟弱砂質地盤之搗固，亦則一般所稱之振動搗固（或壓實）工法。係以棒狀振動桿之先尖噴水槍噴水，並靠自重插入至所需深度。然減少噴水並以橫向噴水槍使四周砂質飽和，所剩餘之水則沿振動桿向上流溢。再沿此溢流孔投入補充材料。補充材料因振動桿之振動，而強迫地被壓入鬆

懈砂土中，增加其內部摩擦角而強化砂質地盤。搗實後振動桿之振動抵抗變大，此可由電流計觀測，確定其大小，當振動力與搗實程度到達某一限度時，其電流趨於固定，然將振動桿逐漸向上抽出，再同樣進行搗實以至全部地盤搗實為止。

　　目前常用之振動桿長約四至八公尺，甚至有十公尺者，倘豎向振動方式開發成功者，可能達十五公尺長。

　　所加補充材料多用礦滓、砂礫、級配料、碎石、好砂等等，依原軟弱地盤狀態，補充材料性質而決定其用量，大致每公尺需用 0.2～0.3 m³。

　　圖 2–14 係振動桿（圖右係振動器詳細）

　　圖 2–15 係振動搗固工法之施工裝置。

　　圖 2–16 係振動搗固工法之施工順序。圖左之振動桿與上圖稍有異。圖左二係剩餘水流溢至表面，圖右二係投入補充材料，並逐漸搗固且向上抽拔，圖右係完成後由補充材料填充鬆懈砂土地盤為緊密強化地盤者。

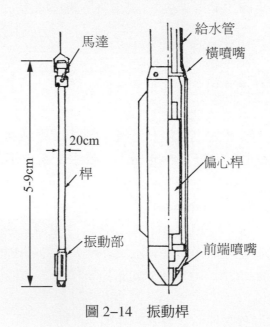

圖 2–14　振動桿

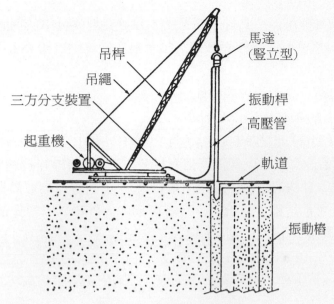

吊桿

吊繩

三方分支裝置

起重機

馬達
（豎立型）

振動桿

高壓管

軌道

振動樁

圖 2-15　振動搗固工法

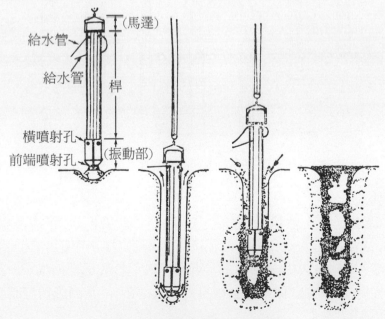

（馬達）

給水管

給水管

桿

橫噴射孔

前端噴射孔

（振動部）

圖 2-16　振動搗固施工順序

2.砂質壓實樁工法

在黏土質地盤可促進其排水而壓密，在砂質地盤可由於搗固而增進其支承力，係將砂壓實形成砂柱而減低沉陷者稱為砂質壓實樁 (Sand-Compaction Pile) 工法。

本工法又可分為兩種，說明如下：

⑴撞擊工法 (Percussion Method)

由外管（套管）口徑約 30～45 cm，其中另有中空內管（搗實用）所組成。在內管上端設有戽斗以便投入補充材料之砂。先將外管打進所需深度（由內管投入粗砂、砂礫混合砂，以錘衝擊打入），由內管前端覆蓋鬆後，內管補充材料即進入軟弱地盤，並搗固之，逐漸抽取內外管（內管先抽，後抽外套管），下圖係其施工順序，與振動搗固工法類似。

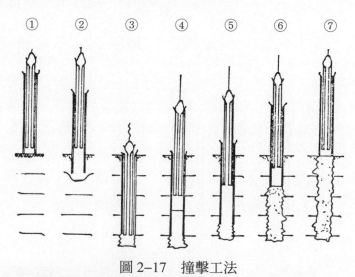

圖 2-17　撞擊工法

⑵振動法

可同時進行打入並搗實壓入之砂之施工方法也。 亦稱為振動砂井 (Vibro-Composer) 工法。外徑約 45 cm，其先端具有利用拱作用刀片，其振動機由空氣噴水槍 (Air-Water Jet)、真空用管、砂之投入戽斗所構成。其施工順序與上法相同， 不同者係由振動來搗實投入之砂。 其詳細情況請參照下圖 2-18，不再加以詳述。

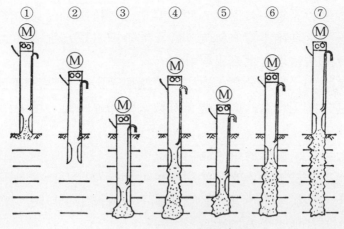

圖 2-18　振動法之施工順序

四、藥液注入法

一般使用於堤防之漏水防止。雖然可由妥善之填土工程達到需要密度及其他條件之堤防填土，但因其接觸水面（河川或海水）仍難以防止水壓之滲透，因此對滲透水層灌注，注入防漏材等藥劑（液）以防止滲入之方法也。

防漏注入材（藥）有膨土岩黏土、硅酸鈉等等。前者比水泥灌漿更能浸入極細之空隙，凝結時間亦可任意改變，係最優良藥劑。

施工時先行鑿孔（間隔約二公尺），以灌漿用泵（Grouting Pump）將藥劑（液）灌入，但必須調整時間，避免凝結開始時間早於灌注終了時間，灌漿泵必有一臺備用者，以防臨時中止。

第七節　土方作業計畫

一、土方工程計畫

土方工程設計應有表示開工前，與竣工後之地表面情況之地形圖及縱斷面圖、標準橫斷面圖。亦則竣工前後之原地形圖與竣工圖。至於將何處土方移至何處作填土或棄土等之土方分配，一般並沒有明確地表示出來。

土方工程如係純粹地由挖土而填土，或挖土後因土質不良等原因而不用於填土者，處理作業比較簡單。因為如此作業時，一般都已指定工地外之棄土場地或取土場地，故將挖土土方向棄土場地單方向作業（搬運），或由取土場地挖土，向填土場地單方向地作業（搬運），兩者均僅考慮單方向作業就可。

　　反之，在同一工地內有挖土，亦有填土時，特別是在長距離或廣大面積之工地時，其在工地內土方之分配，向工地外取（挖）土或棄土，均必須一一加以檢討，編製合理之土方工程計畫。

　　在施工工地內土方之分配，以挖土後搬運至最近地點作填土為原則，同時其土方搬運之總工作量（即搬運土方數量與搬運距離之積總和）為最小前提下分配其土方。

　　有關土方分配，應考慮下列諸情況：

　　1.挖土土方多於填土土方，必須作棄土時。

　　2.填土土方多於挖土土方，必須作客土（或補給土）時。

　　3.挖土土方及填土土方均衡時。

　　除了棄土場地或取土場地與工地很接近以外，一般之棄土或客土，對同樣數量土方而言，其工程費要高出好幾成。因此土方工程之設計盡可能採取填土挖土平衡方式，但由於很多原因，不容易設計為平衡。

　　於工地由土方分配時，如鐵路、道路等長距離工程者可以利用後述之土方曲線 (Mass Curve) 即很方便。

　　如下圖 2–19 ⒝係表示土方曲線，其橫軸係施工區末端起算距離，豎軸係累計土方數量。土方計算由挖土部分產生者為正值，由填土部分產生者為負值。累計土方以每施工區間（普通為每 20 公尺間隔之測站間，或測站與挖土與填土之界境點之間）計算其土方數量總和。倘若自取土場移至填土之土方數量，應取乘以土方變化率之補正土方數量才是。

　　所謂土方變化率指挖取前地盤之土方容積與因挖開而膨脹之土方再作填土搗實後之最後容積之比率。因土質、填土高度、填土頂寬與底寬比（亦則填土之預留填土及壓實關係）、搗固方法等土方變化率有所不同，故應根據工地情況常加檢討方可。

　　土方變化率大約如次：

　　　砂質土：0.95～1.05

　　　黏性土、礫等：1.05～1.10

　　　卵石混合土：1.00～1.15

　　　軟岩：1.15～1.30

　　　硬岩：1.30～1.50

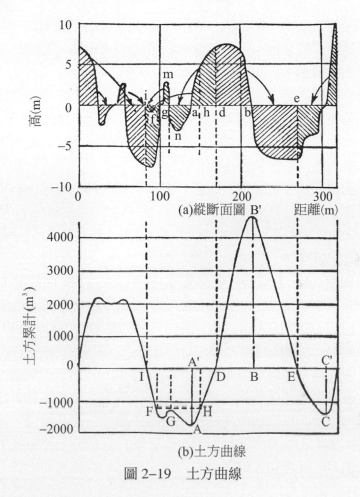

(a)縱斷面圖 B'　　距離(m)

(b)土方曲線

圖 2-19　土方曲線

　　各工區間土方計算，以工區間兩末端之橫斷面積對橫斷面圖以面積儀 (Planimeter) 求出（其他方法亦可），取兩末端斷面積平均值乘以工區間距離之所謂兩末端面積平均法最常用。

　　如在山坡地之土方工程，山邊係挖土，谷邊為填土之工區間之斷面積應以挖土填土兩者之相差表示，於該工區間橫斷面方向之土方，並不包含在土方曲線所表示土方內，務必另行考慮。

　　茲詳述土方曲線之特徵於下：

1. 其坡度，在挖土部分為正，填土部分為負。如上圖 2-19 (b) 曲線中，AB 為正坡度曲線，相當於同圖 2-19 (a) 之挖土 ab。因此如橋樑工程之沒有土方者，應取水平直線。

2. 土方曲線之極大與極小值，表示在挖土與填土之界境點。

3. 極大值與鄰接之極小值兩點間之相差值，表示該兩點間之挖土或填土之總土方數量。

4. 截切兩點間之土方曲線之任意水平線，使挖土土方與填土土方相等，互為均衡。此水平線稱為土方平衡線 (Balancing Line)。

5. 在土方曲線頂峰處挖掘之挖方表示應由左向右，在底谷處表示應由右向左來搬運。

6. 土方曲線與水平線所包圍面積，相當於該兩端交叉點內需要搬運土方之工作量。

上圖 2–19 土方曲線(b)中 DE 係土方平衡線，表示在 db 間之挖掘土方與 be 間之填土土方相等。

同圖中面積 DBE 表示自挖掘部分 db 至填土部分 be 間搬運 BB' 土方所需要之工作量。於此 DBE 部分為頂峰，故其土方之搬運應自左向右進行。FG, GH 亦同為土方平衡線，FG 表示 m 之頂峰應向那一方向搬運，GH 表示 n 之底谷應向那一方向搬運土方。

土方工程計畫中，必須先瞭解自挖掘部分之土方搬運至填土部分間之距離。此距離多以平均搬運距離表示之，以挖掘取土（挖土）部分之重心點與埋設填土部分之重心點間距離作為平均搬運距離。

倘若挖掘與填土土方未能平衡者，在工地內應設置自挖掘土方處至棄土場間之搬運道路。此應由工地內土方分配、地形、鄰近道路關係等來通盤考慮後才作決定。

棄土裝載場普通盡可能設置於產生棄土之挖土部分最靠近之末端附近處，而客土裝卸場應設置於最靠近挖掘土方部分向填土部分之最遠末端附近為宜。但由於地形、搬運道路之連繫等關係，未必能如此設置。反之，有時必須先決定棄土裝載場或客土之裝卸場以後，再考慮如何分配工地內之土方數量。總之，務必以工地狀況作適當選擇。

二、施工方法及施工機械之選擇

在小規模土方工程之整地、挖土、填土之挖掘、運搬可用手鏟、十字鎬、推車等人力作業來進行，或僅以人工作挖掘，其他裝載、搬運等則採用可動式搬運帶、小卡車（如鐵牛）等機械來施工。

惟到達某程度規模之土方工程，普通均以土方施工機械來進行其挖掘、裝載、搬運等全部作業，無法直接再用人工作業矣（當然必須由人工來操作該施工機械）。

土方工程包括開闢除根、挖掘、裝載（卸）、搬運、整平、搗實、挖溝等等。

一般開闢除根採用推土機 (Bulldozer)、刮板推土機 (Rakedozer)，均有履帶式、膠輪式等多種類。地面表面整平採用推土機、自動平路機 (Motor Grader) 等，搗實者多用平路機 (Roller)、夯搗式壓路機 (Tamping Roller)、振動壓路機 (Vibro-Compactor)、搗實機 (Tamper)。至於挖溝工程可採用挖溝機 (Trencher) 或鋤土機 (Back Hoe) 等。土方工程中主要施工機械種類應由主要作業之挖掘、裝載、搬運土方數量等規模及距離遠近而選擇不同之適當機種。在中等規模之土方工程中搬運距離應在 50～70 m 以下範圍內，非有特別高深之懸崖或深谷者，主要採用推土機為宜。在大規模土方工程者，其搬運距離自 70 m 至 700 m 之廣大面積之工地者主要採用刮土機，而依作業條件再選擇推土機、牽引鏟土機為輔助機械。惟通常僅見於長距離之道路工程或巨大之堰壩工程方採用之。

在陡坡山地之掘削、基礎挖土一般之深度挖掘時宜用鏟土機 (Power Shovel)、鋤土機等之鏟土系統機械為主力施工機械，其搬運機械除極短距離以外主要採用傾斜卡車 (Dump Truck)。

在緩和坡面之挖土或填土時，其搬運距離在 500 m 以上，或利用工地外之一般道路來搬運者，多以傾斜卡車為主。未達到 1000 m 之工地內搬運，或比較短距離之一般道路上搬運之特殊情況者可以採用自動刮運機。易言之，此等情況下之挖掘應利用鋤土機、鏟土機等鏟土系統施工機械為宜。

適宜之施工機械按土方工程規模、搬運距離以及土壤性質而有所不同。譬如鬆懈砂質土壤及極軟泥土者，其採用強力之自動鏟土機，不如改用挖掘力雖較小，但戽斗容量較大之牽引鏟土機者比較有利。

岩石、岩盤之掘削時如有較多龜裂之岩石或軟岩可採用十字鎬錘 (Pick Hammer)、碎岩機（以起重機吊起重錘來衝碎者）來粉碎岩石。如係硬岩必須用爆破而粉碎之。岩石宜盡量繫碎為小塊以便裝載及填壓。進行爆破前必須以鑿岩機先行鑿孔，已如前述，不待多述。

三、工程計畫

　　土方工程之工程計畫在採用人力施工者必須以平均勞動能力　（m³/ 人 / 日），以施工機械施工者以機械平均能力（m³/ 部 / 日）為根據計算其所需日數（工期）。各土方作業所需日數（工期）計算後之工程計畫之編製，則按照一般之施工計畫要領來進行。

第八節　作業能力計算

　　土方工程之挖掘、填土、搗實除非甚小規模仍用人工（或獸力）作業外，大部分均採取機械施工以臻工程之經濟與迅速。今就土方機械之作業能力說明於後：

　　土方工程除了修飾整理機械以外，機械之作業能力均以每小時之土方數量（容積）Q 來表示。修飾整理機械則以每小時之整修面積來表示其作業能力。

　　土方施工機械中使用輸送帶或戽斗式挖土機係連續運轉作業，其他則係連續之反覆作業。連續反覆作業中牽引機系統施工機械之每小時作業能力 Q 之計算公式如下：

$$Q = \frac{Et \cdot Ec \cdot Es \cdot q \cdot 60}{Cm} = \frac{E \cdot q \cdot 60}{Cm} \ (m^3 / hr) \ \text{...............} (2-1)$$

　　式中：q：施工機械之標準容量 m³（戽斗等容器之每次挖取土方容積）

　　　　　Cm：每一循環時間 (Cycle time)　單位：每分鐘

　　　　　Et：作業時間效率

　　　　　Ec：作業條件效率

　　　　　Es：作業管理效率

　　　　　E：全作業效率 = Et·Ec·Es

　　用鏟土系統機械者，其一循環時間單位取秒 Cs

$$\therefore Q = \frac{E \cdot q \cdot 60^2}{Cs} \ (m^3 / hr) \ \text{...............} (2-2)$$

　　Q 及 q 通常以地盤土方容積 (g·m³)（即挖掘前在原地盤上土方體積）或填土容積 (b·m³)（即填土完成後土壤體積）來表示之。然而裝進於土方容器內之土方數量 q′（ℓ·m³，即鬆懈土方容積），因挖掘鬆懈而增加體積而有所謂

膨脹率，反之填土中加以搗實壓密而有所謂收縮率，所以 q′ 必須考慮其膨脹率及收縮率而換算為地盤土容積或填土容積之必要。

　　q′ 很難達到土方容器之滿載狀況（即理想之標準容積）qs，大多係少於滿載 qs。有時由於土壤性質，作業條件亦有超過標準容積之山形裝載。因此考慮這些，有關土方容器效率 fe 乘以標準容積以獲得 q′ 為要。茲再簡述其順序如下：

$$q' = fe \cdot qs \quad (\ell \cdot m^3)$$

$$q = fv \cdot q' \quad (g \cdot m^3) \text{ 或 } (b \cdot m^3)$$

$$Q = \frac{E \cdot fe \cdot fv \cdot qs \cdot 60}{Cm} \quad (g \cdot m^3 \text{ 或 } b \cdot m^3) \quad \text{................} \quad (2-3)$$

式中：fv：土壤體積變化效率。原地盤或填土搗實後土壤體積與土方容器內鬆懈土方體積之比（膨脹率或收縮率）。對地盤土方容積之 fv，在砂質土及礫為 0.8～0.9，黏性土為 0.7～0.8，岩石為 0.5～0.8。fv 由於土砂中岩石塊愈多，反而愈小。

　　循環時間係反覆作業中每一循環之土方挖掘、搬移、裝載、土方容器來回搬移所需之時間和。挖掘時間，在挖削抵抗小（如沒有黏著力之鬆砂）者即短，反之，抵抗大（如堅硬黏性土、大口徑礫、岩塊）者即長。土方搬移所需時之長短即由搬移距離、其抵抗力大小等而不相同。

習　題

1.一般土方工程包括哪些工程？請說明之。

2.土壤調查有哪些對象？試詳述之。

3.土壤調查中之物理性探查有哪些種類？試略述之。

4.試略述挖土工程之各種施工機械。

5.試略述岩石之挖掘方法。

6.試述填土之搗固標準及其方法。

7.土方工程中有哪些搬運施工機械？試詳述之。

8.試略述軟弱地盤之處理方法。

9.試詳述振動搗固法。

10.試詳述土方作業時有關土方分配應考慮哪些？

11.試就施工方法，詳述如何選擇土方之施工機械。

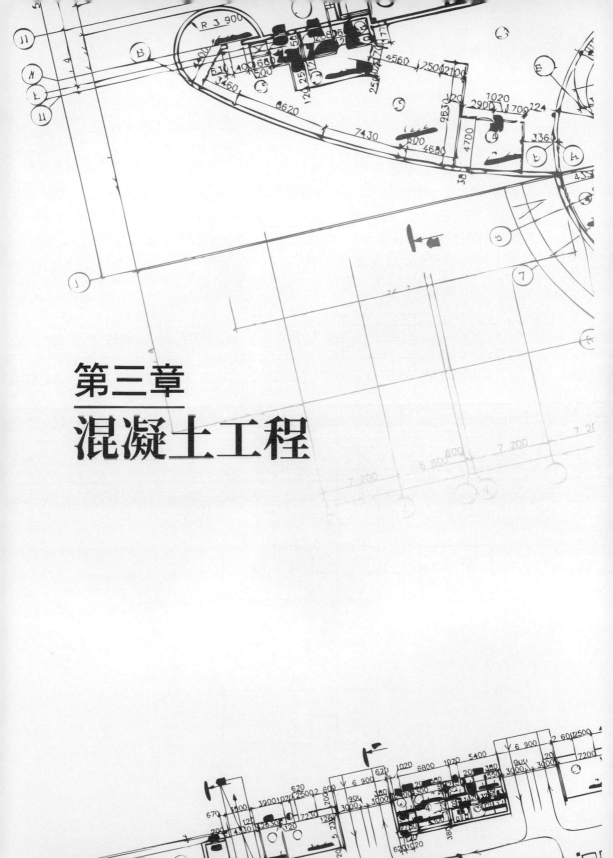

第三章
混凝土工程

第一節　概　述

　　所謂混凝土工程係將粗細骨料（小石、砂）、水泥、水、摻合劑等由儲藏場地移至工場，按照計畫數量，利用拌合機（亦有用人工者）加以拌合均勻，製造出「生混凝土」。次以搬運機械將之輸送至需要處（工地之灌築處），灌注於預作好之模型（板）內，並加以搗實、養護以完成混凝土結構物之一種土木工程也。因此混凝土亦為一種人造石。

　　茲將混凝土工程之進行順序以流程方式表示於下：

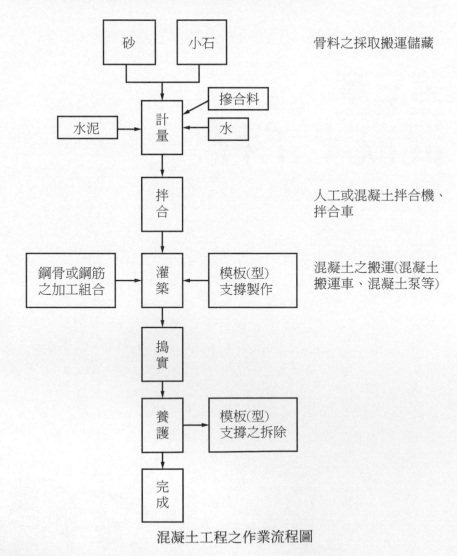

混凝土工程之作業流程圖

第二節　混凝土材料

混凝土材料主要為水泥 (Cement) 與骨料 (Aggregate)，再以水加以化合，間亦用特殊摻合料 (Admixure) 加添以達某種要求。

一、水泥：有三種：

 1.波蘭水泥：可分為普通、早強、中庸熱水泥三種。亦有白色波蘭水泥。係最常用之水泥也。

 2.混合水泥：有高爐水泥、矽灰水泥、飛灰水泥。

 3.特殊水泥：有礬土水泥、矽酸水泥等。

選用水泥時應依各種水泥之特徵，符合所需混凝土要求品質，作最經濟之選擇為要。詳細請參照工程材料。水泥容易與空氣中水分及二氧化碳化合而風化，降低其品質，故必須儲藏於不通風、有防止潮濕之倉庫中。如為袋裝者，在堆積時最高堆疊十三包，使用時必依進倉之先後時間取用。水泥倉庫之需要面積 A 可依下式求得：

$$A = 0.4 \frac{N}{n} \ (m^2) \quad\quad\quad (3\text{--}1)$$

式中：N 為儲藏水泥袋數

   n 為堆積袋數

散裝水泥可直接向水泥廠租用之散裝鐵桶，裝設工地，使用時必須計量，其使用時間應盡量縮短。

二、骨　料

骨料亦稱粒料、摻合料。由砂（稱細骨科）與小石（稱粗骨料）構成。骨料必須清淨、強硬、耐久、其顆粒形狀應有適當者，均勿含有「有機不純物」等有害物。

骨料比重與吸水量影響混凝土強度甚大。比重小、吸水量多者強度低且不耐久。骨料比重在混凝土級配設計上，其吸水量在工地水量調節上均為必要者。

混凝土骨料必須不受氣象而破損腐蝕方可。

在道路鋪裝面及堰壩之混凝土骨料必須有高度之磨損抵抗力，尤其機場跑道更重要。

　　骨料為減少水泥需用量及增進工作度以獲得良好混凝土計，必須有大小適當之顆粒配合，亦則以最佳之級配製造混凝土，其詳細請參照混凝土級配設計。

　　骨料如乾燥，即吸取混凝土中混合水分，飽和後成為混合水分之一部分。為保持一定品質之混凝土計，骨料中水分亦須一定，倘水分變化者骨料亦作補正配合。

三、摻合料

　　製造混凝土時，為獲得經濟且適合該工程用混凝土計，使用下列各種摻合料或稱外加劑 (Admixure)：

　　1.輸氣劑 (Air Entraining Agent)：簡稱 AE 劑。在混凝土中散布許多微細獨立空氣泡，令混凝土具有良好流動性之摻合料也。充滿 AE 劑混凝土稱為輸氣混凝土，其工作度優良，所需單位水量可減少。

　　2.矽灰料 (Pozzolan)：係由矽或矽與礬石混合物所成，本身沒有水硬性，但與溶解於混凝土水中之氫氧化鈣在常溫下徐徐化合，製作不溶解性化合物。可減少混凝土透水性，對海水、酸性水有強大抵抗力。

　　3.水泥擴散劑 (Dispersing Agent)：使用之可減少用水量。亦可稱為分散劑。

　　4.瓦斯發生劑 (Gas-forming Agent)：多用鋁粉末，可產生氫氣體，令混凝土體積膨脹，可獲得無收縮之均勻水密性混凝土。

　　5.硬化加速劑 (Accelerator)：加氯化鈣等，可促進水泥與水之反應。使用於寒冷地帶混凝土。

　　6.緩凝劑 (Retarder)：使水泥凝結遲緩之摻合料也。用於混凝土硬化需要徐緩進行者。

　　7.防濕防水劑 (Damproofing & Permeability Reducing Agent)。

四、拌合水

　　混凝土拌合用水需要新鮮清潔，不含油質、酸質、鹼質、鹽、有機物及汙泥等。

　　一般飲用水（自來水）及河水等均可使用。海水應避免用之。又有下列情況應勿使用：

　　1.含有腐蝕土、煤片、泥煤纖維等水。

　　2.含有脂肪及酸之工廠廢水。

3.礦泉水。

4.含有酸或硫磺之水。

5.含有砂糖或油脂類之水。

第三節 混凝土性質

一、未凝固前之混凝土性質

具有泌水性 (Bleeding)、浮漿皮 (Laitance)、稠度 (Consistency)、工作度 (Workability)、塑性 (Plasticity)、飾修性 (Finishability) 等性質。茲將較重要者略述於下：

1.工作度：

同時表示混凝土稠度與抵抗材料分離程度之工作度試驗相當困難，因此工作度之適合與否，應由工地技術員工來判定。判斷工作度方法之一，以混凝土稠度試驗為最多。影響混凝土工作度之主要項目大致如下：

⑴單位用水量。

⑵水灰比。

⑶水泥粉末度（細度）。

⑷摻合料。

⑸骨料顆粒之細度。

⑹骨料顆粒形狀與表面組織。

⑺混凝土之濕度。

2.泌水性：

泌水性係混凝土材料分離之一種，有時在灌注完畢後產生。因而引起混凝土上部之多孔質；減小強度與水密性，對凍結融解作用抵抗性亦小。尤其浮漿皮，對混凝土硬化後與繼續施工之混凝土間附著力有害，因此在新灌注混凝土之前，必須除卻此浮漿皮才可。

在粗骨材下面或水平鋼筋下面，由於浮漿皮形成水膜，則減小混凝土強度及鋼筋與混凝土間之附著強度，而順沿此面產生受壓力之水流。

為盡量減少浮漿皮計，在能夠獲得必需之稠度範圍內，採用少量用水為妙。再採用水泥顆粒較細者、適當比例之細骨料顆粒、適量火山灰、AE 劑及擴散劑等更佳。

二、凝固後混凝土之性質

1.壓縮強度（壓應力）

影響混凝土硬化後壓縮強度之因素有下列各項：

⑴水泥種類。

⑵粗骨材大小。

⑶空氣量。

⑷材齡。

⑸養護方法。

混凝土壓縮強度 σ 與水灰比 (c/w) 之關係如下：

$$\sigma = \alpha + \beta \left(\frac{c}{w}\right) \cdots\cdots\cdots\cdots\cdots\cdots\cdots\cdots\cdots\cdots\cdots\cdots\cdots (3\text{--}2)$$

上式中 α, β 係由於材料、級配、施工情況而異之係數。通常 σ (fc′) 自 210 kg/cm^2 至 350 kg/cm^2 最多。

2.抗拉強度及彎曲強度（拉應力及撓曲應力）

混凝土之拉應力與撓曲應力隨著其壓應力而增大，但增大較小。混凝土拉應力大約為壓應力之十分之一至十一分之一，混凝土撓曲應力大約為壓應力之四分之一至九分之一。因為拉應力、撓曲應力較小，一般不考慮之。

3.耐久性

混凝土耐久性有關之物理作用及化學作用有：

⑴氣象：乾濕、溫度變化、凍結、融解等。

⑵河水及海水之作用。

⑶酸、鹼、油類之作用。

⑷火、熱影響。

⑸磨損。

⑹鹼性骨材反應。

上述各項可採用下列方法來改善，增加其耐久性：

⑴用水量最少。

⑵水密性大。

⑶用 AE 劑。

⑷清潔水。

⑸製造高強度混凝土。

⑹粒微子少之堅硬材料。

⑺充分搗實與養護。

4.水密性

混凝土在本質上並非水密性者。惟級配良好，施工適當者，在承受相當水壓下亦不致於漏水。要能製造良好水密性混凝土，應採取下列各項：

⑴骨料為乾淨堅硬，沒有龜裂顆粒適當者。

⑵取高級配，水灰比盡量小。

⑶用 AE 劑。

⑷材料不發生分離，搗實充分。

⑸減少接縫，最好一次製造完成。

⑹養護良好。

其他如做好排水、避免積水或作防水層等亦可增進其水密性。

5.體積變化

混凝土體積發生變化之原因不外乎兩項：

⑴溫度變化。

⑵混凝土中水分之變化。

混凝土之膨脹係數自 $7 \sim 13 \times 10^{-6} / 1°C$，平均為 $10 \times 10^{-6} / 1°C$。

混凝土之收縮係由於乾燥，即因水泥與水之水化作用放出自由水而產生。愈乾燥愈收縮，故宜採取單位用水量小、水灰比小、使水化作用完善等方法來改善之。

四周受限制之混凝土結構物，由於溫度變化或乾濕影響，但不能自由膨脹收縮時，可能引起裂紋或承受過大壓應力。

6.潛變 (Creep)

混凝土試體加以一定載重下放置，即隨著時間變化而增加其變形，稱為潛變。如解除此載重後亦隨著時間，其彈性變形亦逐漸回復，但載重時間愈長，其回覆量即愈少。如係預力混凝土者，為了避免預力之損失，更必須施工出潛變較小之混凝土。與潛變有關因素有下列諸項：

⑴應力與載重時間。

⑵水灰比。

⑶骨材。

⑷構材之大小。

7.彈性。

混凝土結構物在設計時，認為混凝土為彈性體。其實由混凝土之應力——應變曲線所示並非彈性（非正比例）。惟吾人使用之混凝土均在容許應力範圍內，在此範圍可視為彈性體。

混凝土之彈性係數大約為 $15,000\sqrt{fc'}$。其中 fc' 係混凝土之廿八天降伏強度（單位 kg/cm²）。大致上混凝土之彈性係數跟著降伏強度而增大，但並非正比例關係。

8.坍度 (Slamp)

第四節　混凝土配合設計

混凝土之施工必要條件有：①耐久性、②富於水密性、③足夠強度、④單位體積重量、⑤良好之工作度、⑥發熱量少、⑦容積變化小等。因此如何利用適量粗細骨材、水泥、水，以獲得最經濟之混凝土，必須有所分析考慮。如此斟酌考慮，研究出最經濟混凝土所需要各種材料之分配，稱為配合或配比，俗稱混凝土配合設計。

混凝土配合使用表面乾燥飽和水狀態之骨材。其細骨材為通過 5 mm 篩者占 85% 以上重量，粗骨材為停留於 5 mm 篩者占有 85% 以上重量。水泥為國家標準者，用水係乾淨新鮮者。（參照前述）

在實驗室作配合試驗時，其大略情況如下：

假設：

C：水泥之單位體積重量 (kg/m³)

G：粗骨材單位體積重量 (kg/m³)

P：單位火山灰量 (pozzolan) (kg/m³)

gc：水泥比重

W：單位水重 (kg/m³)

g_P：火山灰比重

P：空氣量 (%)

g_A：骨材比重

A：骨材重量 (kg/m³)

g_S：細骨材比重

g_G：粗骨材比重

S：細骨材重量 (kg/m^3)

α：水灰（火山灰）比

則

$$\alpha = \frac{W}{C+P} \qquad\qquad\qquad (3\text{--}3)$$

$$\beta = \frac{S}{\alpha} = \frac{g_G \cdot S}{g_G \cdot S + g_S \cdot G} = 絕對細骨材比 \qquad (3\text{--}4)$$

式中 α：混凝土 $1m^3$ 中之骨材容積

　　S：混凝土 $1m^3$ 中之細骨材容積

$$\frac{P}{C+P} = \gamma （火山灰比） \qquad\qquad\qquad (3\text{--}5)$$

如果事先決定了 W, α, β, γ，則

$$P = \frac{\gamma}{\alpha}W \qquad\qquad\qquad\qquad (3\text{--}6)$$

$$C = (\frac{1}{\alpha} - \frac{\gamma}{\alpha}) \cdot W \qquad\qquad\qquad (3\text{--}7)$$

$$S = g_S\beta[1 - (\frac{W}{1 \times 1000} + \frac{C}{g_G \times 1000} + \frac{P}{g_P \times 1000} + \frac{P}{100})] \qquad (3\text{--}8)$$

$$G = \frac{(1-\beta)g_G}{\beta \cdot g_S} \cdot S \qquad\qquad\qquad (3\text{--}9)$$

由於上述計算可以決定每一立方公尺混凝土之配合。為使空氣量達到所需數值計，決定適量之 AE 劑，然拌合混凝土，且考慮其工作度，宜用較小之絕對細骨材率與單位用水量。多次改變不同數值作試驗，以求吾人所需要之混凝土，就可獲得所要混凝土配合。

第五節　混凝土之攪拌

混凝土經過上節之配合設計後，依其分量選用水泥、粗細骨料及用水，加攪拌（或稱拌合）以獲取所需要之混凝土。使用混凝土拌合機拌合混凝土時，自最後水泥倒入起之拌合時間自一分鐘至四分鐘不等，其較適宜者如下：

$3\sim2\ m^3$ 需 2.5 分鐘，$2\sim1\ m^3$ 需 2.0 分鐘，$1\ m^3$ 以下需 1.5 分鐘。

　　至於混凝土拌合機之運轉速度約為每分鐘 20 至 30 回轉數。在攪拌中其攪拌方法、材料之計量、容許誤差之範圍，在混凝土規範中均有明白規定。茲就攪拌方法詳述於後：

一、一般攪拌

　　1.一般混凝土以機械攪拌（用拌合機）為原則，小工程或不重要者才容許手拌合。

　　2.攪拌時間雖由於拌合機性能結構及混凝土配合而有異，最少每秒有一公尺（外環）速度之拌合機方可，且各材料倒入拌合機內必須經過一分半鐘時間為要。

　　3.拌合混凝土之塑性必須均質。

　　4.由拌合機流出之混凝土，開始取樣一部分，最後再取樣一部分，然加以空氣流量計之重量測定、空氣量測定、過 5 mm 篩之骨材分析及重量測定等試驗，以確定該混凝土攪拌，是否達到要求之混凝土。

二、大規模工程之攪拌

　　工程之大規模者應在工地附近建設混凝土拌合廠 (Batcher Plant)，與預拌混凝土同樣來處置、管理。工程師只要把握混凝土拌合廠設施及現況，以及有關關鍵事項。至於是否採用拌合廠或預拌混凝土，應考慮下列諸點：

　　1.混凝土拌合廠

　　最小計量單位多少？計量誤差容許多少？骨材因表面水變化之配合是否簡單地可調節（按鈕）、骨材與水泥能否個別分類計算、操作室及員工狀態如何、同時能否配合多種類等。

　　2.骨材

　　骨材搬運方法、儲藏狀態、對表面水變化之修正配合實況、儲藏能力等。

　　3.管理系統

　　試驗室設備、試驗人員素質；工廠、工地、試驗室間之連繫狀況等。

三、小規模工程之攪拌

　　較簡易及次要工程者，多在工地設置骨材放置場及簡易拌合機，當場計量材料，當場拌合。在試驗室作小單位之混凝土拌合並試驗之。由於粗心容易產生品質不良之混凝土，尤其拌合機應在工地作試驗，認為沒有問題以後才可進行攪拌。

第六節　預拌混凝土

上節論及混凝土拌合廠出廠混凝土與預拌混凝土相同。所謂預拌混凝土係在中心拌合廠 (Central Batching Plant) 攪拌好後，倒進混凝土輸送車上容器，然搬運到施工工地灌入工地，或裝入混凝土吊桶（容器），再由卡車搬運至工地灌注之混凝土也。易言之，非在施工當地計量、攪拌，而由別處事先計量，攪拌後搬運至工地之混凝土也。

目前除非甚大之工程（如曾文水庫、翡翠水庫、中正機場、核能電廠等），幾不自行設置混凝土拌合廠，而向廠商經營之混凝土拌合廠購置預拌混凝土施工。此種預拌混凝土與上述略有不同。一般購用之預拌混凝土係在混凝土拌合廠將計量妥善之水泥、骨料，用水直接倒入車上拌合機（或稱混凝土拌合卡車）(Truck Mixer)，而在車上之拌合機，係一邊攪拌一邊搬運至施工工地倒灌。

普通混凝土係在工地旁邊計量，攪拌後輸送到灌注位置倒灌。其前後時間約數分鐘，多者不超過十數分鐘，混凝土不致產生初凝。但所謂預拌混凝土，自工地之中心拌合廠或商營之一般混凝土拌合廠至施工工地有一段距離，尤其後者也許其工地與拌合廠，不屬於同一鄉鎮、城市裡，有時相距數十公里之遠。因此容易產生初凝，或其他工作度、稠度、塑性等等之缺陷。

為了防止預拌混凝土因長距離搬運而引起不良後果計，一般規定以不得超過一小時之路程為限，最好能夠三十分鐘內。至於距離應依地形、路況、交通量等來衡量，以不超過一小時為原則，而勿拘束於距離之遠近。又為了維持混凝土良好性質計，可摻入適當之摻合料，如緩凝劑、輸氣劑、分散劑等。

近來城市裡之土木、建築工程多用預拌混凝土，但因受場地影響，混凝土拌合卡車不能立刻進場，需要等候排班。因此這些損耗時間應估計在一小時裡面，切勿以為搬運時間未超過就無妨。

第七節　混凝土之灌築及搗實

　　混凝土自拌合機或預拌混凝土自卡車或容器卸下倒入搬運斗車 (Backet) 或漏斗 (Hopper)，或自漏斗倒入搬運斗車，然後推至混凝土施工位置灌注（或灌築），搗實間之處理如果不當，則上述配合、攪拌均枉然，難以獲得理想混凝土。下舉其間過程與處理注意事項於後：

一、搬運及處置

　　1.由搬運斗車或漏斗中央上倒入混凝土。

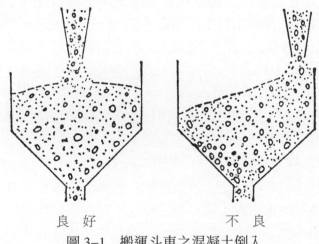

良　好　　　　　　　　　不　良

圖 3-1　搬運斗車之混凝土倒入

2.自漏斗倒入搬運斗車應在中央處。

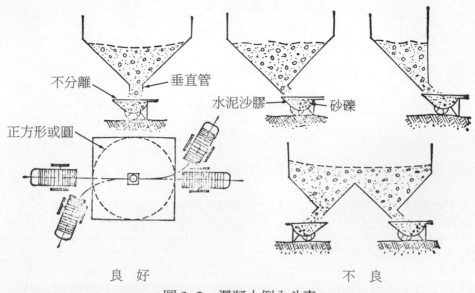

圖 3-2　混凝土倒入斗車

3.如用帶式輸送機 (Belt Conveyer) 搬運者，應防止其在末端之分離。其方法如圖 3-3。

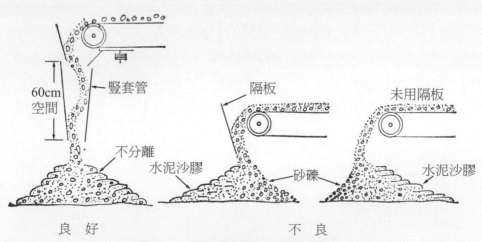

圖 3-3　帶式輸送機之混凝土傾倒

4.分裝於兩個漏斗時要防止其分離。

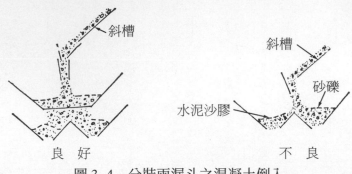

圖 3-4　分裝兩漏斗之混凝土倒入

5.利用斜槽 (Chute) 倒入混凝土時應防止在其末端發生分離。

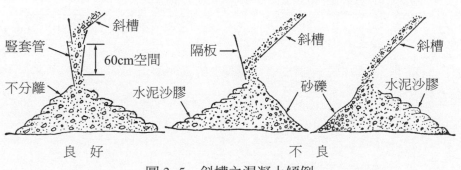

圖 3-5　斜槽之混凝土傾倒

二、灌築及搗實之方法

1.混凝土灌築時可仿照上述一，各種方式以防止其分離。

2.薄牆之灌築，宜利用斜槽或小搬運車。

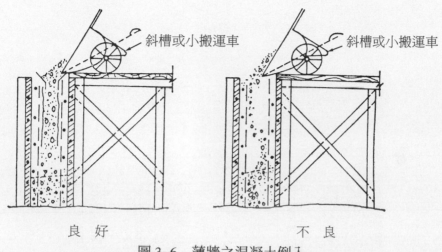

良　好　　　　　　　　　不　良

圖 3-6　薄牆之混凝土倒入

3.薄牆或柱之較深混凝土灌築時，愈上愈軟，故愈上層宜用坍度較小之配合混凝土。

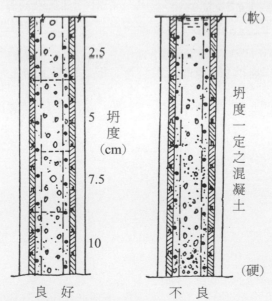

良　好　　　　　不　良

（每次灌注模板四分之一深之混凝土，即坍度可減少）

圖 3-7　較深之牆柱之混凝土倒入

　　4.異形、弧形等管、板之灌築，應在模板側面另開口以便倒入混凝土，另加袋形框亦佳。

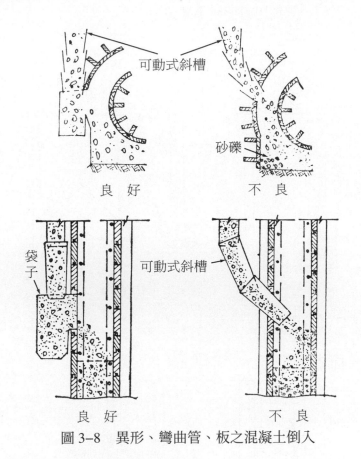

圖 3-8　異形、彎曲管、板之混凝土倒入

5.使用起重吊桶者宜以可撓曲之斜槽，向深入位置灌築之。

6.灌築薄板時宜往後退而倒入。

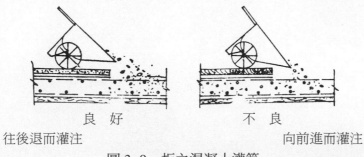

良　好　　　　　　　　　　不　良

往後退而灌注　　　　　　　　向前進而灌注

圖 3-9　板之混凝土灌築

7.緩斜坡面上施工，應自坡底開始灌築水平，再向上灌築。

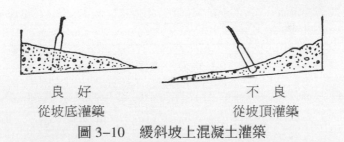

良　好　　　　　　　　　　不　良

從坡底灌築　　　　　　　　從坡頂灌築

圖 3-10　緩斜坡上混凝土灌築

8.較陡斜面之灌築，宜利用斜槽逐漸向上施工。

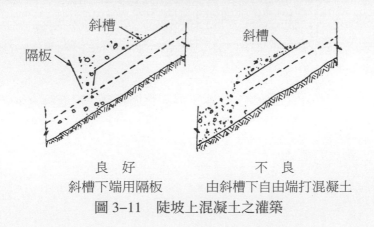

良　好　　　　　　　不　良

斜槽下端用隔板　　　由斜槽下自由端打混凝土

圖 3-11　陡坡上混凝土之灌築

9.急坡斜面之灌築可利用滑動模板（滑模）(Slip Form)，並用振動機搗實而施工之。

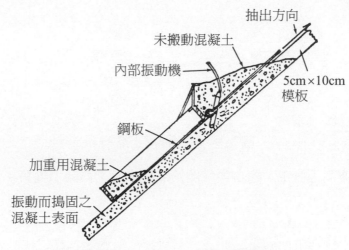

抽出方向

未搬動混凝土

內部振動機

5cm×10cm
模板

鋼板

加重用混凝土

振動而搗固之
混凝土表面

圖 3-12　急坡上之混凝土灌築

10.在一般水平方向灌築時，利用振動機垂直方向來搗實。

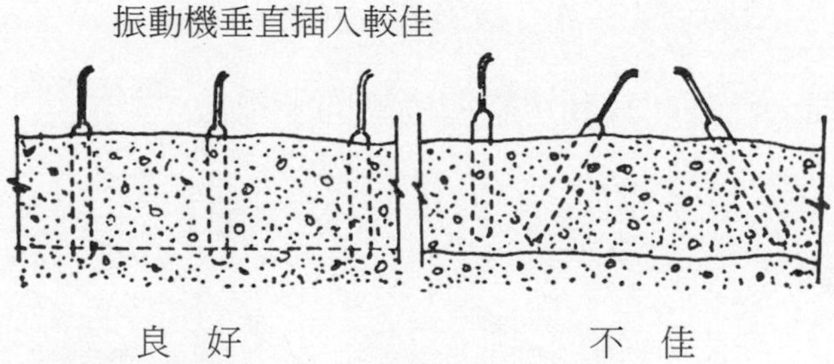

振動機垂直插入較佳

良　好　　　　　　　不　佳

圖 3-13　水平混凝土之搗實

11.灌築混凝土發生小石集中過多時宜用鏟子抽出多餘小石，移放在砂較多地方。切勿以水泥或水泥沙膠覆蓋之。如圖 3-13。

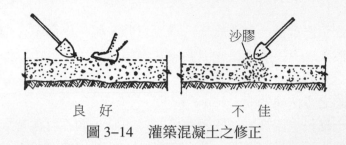

圖 3-14　灌築混凝土之修正

12.以吊桶或漏斗直接灌築混凝土時，雖已有分離現象，但只要進行方向適當（使小石遲些掉落在混凝土上）便可改善。

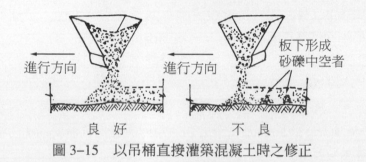

圖 3-15　以吊桶直接灌築混凝土時之修正

13.混凝土搗實可用內部振動機，如困難（較薄者）時改用模板振動機，但必須防止模板之變形。振動時間約 5～20 秒。

14.灌築混凝土經過一段時間後再行振動，即其強度及特性上有相當效果（由於配合、溫度、摻合材料、經過時間而異）。但已硬化（或部分）混凝土再行振動，將引起不良後果，務須注意。振動機不可亂用，且為防萬一計必須多準備一套。

15.搗實將表面露出多量水者，應變更混凝土之配合，且立即排除表面積水。

16.振動機效率為小型（個人用）者約 4～8 m³/hr，大型（雙人用）者約 30 m³/hr，用後慢慢抽出。

第八節 拆模後混凝土之養護

混凝土灌築搗實後，由於冰凍、陽光直照、風、雨衝擊、過量載重等原因產生不良後果。為了防止這些因素避免不良後果，吾人予以保護，保持適當溫度，供給充分濕氣，稱為養護。

一、潤濕養護之方法與期間

1.混凝土灌築，搗實再作好表面修飾後，其表面不可再有損傷，至不再損傷程度之硬化以後，用潮濕之砂、布袋、麻袋加以覆蓋，再灑水。所灑之水溫度不可低於混凝土溫度，否則易生裂紋。直接灑水在混凝土上面者效果不彰。

2.養護時間愈長愈佳。用一般波蘭水泥者至少要七天，早強波蘭水泥者至少要三天之時間為宜。

3.有遭受海水、鹼、酸性土壤，水浸蝕之虞者，其養護時間要增長百分之三十以上才可以。

4.堰壩等之龐大混凝土工程，使用普通或中庸熱水泥者需要十四天之養護。使用高爐水泥、矽硅水泥或摻合料（如矽灰料）者需要二十一天之養護，保持其潤濕狀態方可。

5.養護期間不可加載重，尤其水平方面（如薄板），故其支撐或模板應過些時日再拆除。

二、膜養護

混凝土中常包含與水泥發生水化作用所需水分以上之水分，所以只要防止其乾燥，本身就有潤濕養護之功效。因此可以塗抹一層封緘劑，或散布一層以達養護目的，多用白色之樹脂系統產品。

封緘劑之施工，不可過早或過晚，必須趁著混凝土表面水剛剛消失時。如果氣溫有激烈變化時亦須作適當之保溫工作為要。

第九節　混凝土品質控制

所謂品質者指為達到使用效果所應具備之性質也。因此混凝土品質控制係如何使混凝土能夠達到其使用目的（效果），如強度、耐久性、水密性、彈性等在施工當中如何按照其配合設計，進行拌合、灌築、搗實、養護之稱。

一、試驗室之管制

於混凝土工程施工中，將工地混凝土取樣至試驗室作必要之試驗分析。

1. 骨材之篩分析。
2. 骨材之含水量試驗。
3. 坍度試驗。
4. 空氣含量試驗。
5. 壓縮應力試驗。

二、施工工地管制

工地負責人應依照規範作管制並進行適當試驗作紀錄以保證其品質。

1. 預拌混凝土調配（車輛）要得當，以避免過長時間及分離現象。接縫處務必注意，施工不繼處之接縫應以管狀振動機充分搗實使其成一體。

2. 混凝土配合是否按照設計？雖有中心拌合廠之集中管制亦未必可靠，如係工地之拌合更不容易控制。故工地負責主任應注意是否符合（不可盡信其出廠證明單），稍有疑問應立刻當場測定其坍度，通常均抽樣（試體）帶回試驗室作分析。

3. 其他如利用斜槽灌築混凝土時之傾斜角度、方向，輸送帶之水泥處理，各種振動機之性能以及養護等等，是否按照規範或設計進行施工，時時加以留意以增進混凝土之品質。

總之，為獲得設計品質之均質混凝土，應依照上述諸節如配比設計、攪拌、灌築、養護等所列規定，注意事項等切實執行就是。惟應注意所謂優良混凝土未必是高強度混凝土，優良混凝土指只要達到所需強度、水密性、耐久性、坍度、彈性等之混凝土。因此堰壩等龐大軀體之工程混凝土，並非橋樑之優良混凝土。

習　題

1. 混凝土施工中常加摻合料，為何？有何效用？

2. 試述優良之混凝土施工必要條件。

3. 試詳述大規模工程中混凝土應如何攪拌。

4. 預拌混凝土與一般混凝土有何差異？試詳述之。

5. 混凝土之搬運處置應注意哪些？試略述之。

6. 混凝土灌築過程中應注意哪些事項？試略述之。

7. 混凝土灌築後之搗實應注意哪些？試略述之。

8. 混凝土於灌築後應如何進行其養護？試詳述之。

9. 為保證品質，混凝土之施工工地管理應如何進行？

10. 何謂混凝土之工作度？其影響項目包括哪些？

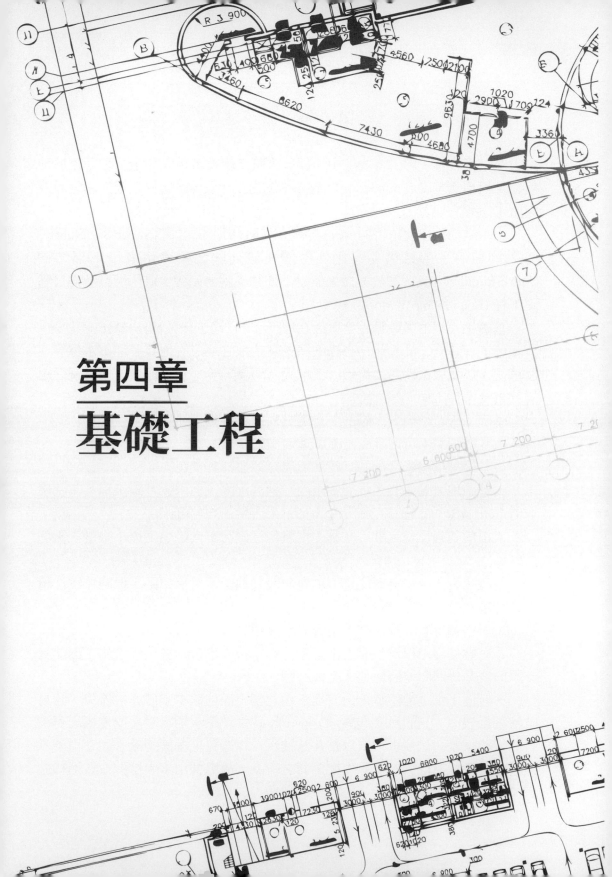

第四章
基礎工程

第一節　概　述

在結構物最下部，構成地中一部分，將結構物載重完完全全地傳達於地盤之結構稱為基礎 (Foundation)，故結構物之是否安全，均依賴全面基礎設計與施工之適宜與否。

土木結構物按使用目的，有直接功用部分曰上部結構 (Super-Structure)，而間接地將上部結構及一切外力傳達於天然地盤作用者曰下部結構 (Sub-Structure)。該接觸於天然地盤之下部結構就是基礎，進行構築基礎曰基礎工程 (Foundation Working)。

基礎工程竣工後幾乎完全埋設在地下，一旦竣工後其補修、改良等甚難。故基礎工程在施工計畫前務必詳細調查其工地之地形、地質、地下水位等地盤情況，以及施工期間之氣候、工地周圍環境等等；製定適合工地實況之週詳計畫及準備工作。

基礎工程在結構上（設計上）應具備之必要條件如下：

1. 基礎地盤不可因承受基礎載重而破壞。

2. 基礎結構應適合於使基礎地盤能充分發揮其支承力。

3. 基礎地盤雖免不了承受載重而有稍許沉陷，但由於基礎工程，其基礎地盤之沉陷量不得超過容許限度，且不可產生不均勻沉陷。

4. 由於防護及安定計，在基礎地盤內基礎應有其必須之最小限度之深埋長度。

基礎工程在施工上應注意事項與一般其他土木工程相同，但應特別注重下列諸項：

1. 嚴格遵行設計圖及施工規範規定事項。

2. 有關基礎工程支承面之施工應特別重視，不可由於工程之施工而使其支承面或基礎四周地盤鬆弛或亂成一團。

3. 有地下水之地盤時，由於地下水之湧出而地盤中土砂亦被流失，容易破壞挖掘表面。因此如以乾挖 (Drywork) 時之地下水抽吸應在比挖掘面更深層處置放集水孔作抽水，或以點井法抽水，以避免挖掘面紛亂。如在地下水面下面之砂地盤挖掘，尤易生挖掘面之紛亂，故應採用水中挖掘方式進行施工。

4.在地下之結構部分之改良補修等非常困難，應特別注意其安全、耐久。

基礎工程有時被認為基礎工作物。後者係如地下發電廠之廠房機房，建築物之地下室（有地下多層者），國防上之地下坑道、庫房等。基礎工程應以建造基礎本身為主，本書以此敘述。

第二節　基礎種類

基礎工程可分為三個大類。

1.直接基礎：直接開挖坑內構成之擴展基礎 (Footing) 及筏形基礎 (Mat)等。

2.樁打基礎。

3.沉箱基礎：有壓力沉箱、開口沉箱等基礎。

後兩項亦可稱為間接基礎。

直接基礎普通用於支承地層較淺者。其基礎層面深度大約不超過地下水面下五公尺範圍內。

直接基礎有對每一上部結構之柱各作一獨立之擴展基礎，每兩支或以上柱作成帶狀牆壁式之複合擴展基礎及連續擴展基礎。另有將整個結構物完全用一張樓板式來承受之所謂筏形基礎等多種。

樁打基礎與沉箱基礎用於支承地層較深者，甚至超過地下水位下五十公尺者。惟受施工技術等限制，如超過三十公尺深之樁打基礎或沉箱基礎時，其地質、地下水狀態等必須有良好條件方能採用。

近來由於施工機械及施工法之神速進步，介於樁與沉箱間之圓形剖面（如一公尺至三公尺直徑）之工地鑄打混凝土樁，逐漸多採用。

基礎在陸地上或水中施工之不同，亦可分為陸上基礎與水中基礎兩種。水中基礎中如水深較淺者，可在水中施設圍堰，抽出水後在其中進行構築。

茲再將基礎工程分類以表列於下面（表 1）

表1

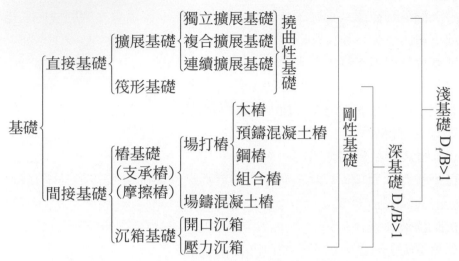

第三節　基礎地盤

　　在基礎周圍及底面下之地盤曰基礎地盤 (Foundation Ground)。基礎地盤有時指在基礎底面之支承結構物載重部分，惟如此者另稱為支承地盤或支承層。

　　天然地盤由極軟弱土質易流動之鬆砂以至堅硬岩石等不同地層所形成，變化非常。吾人所指基礎地盤多以砂質地層為主，而又可分沖積層 (Alluvium) 及洪積層 (Diluvium) 兩類。

　　基礎地盤很少由同一種類地質所構成，且多由不規則層次所構成。普通在淺處由軟弱或鬆懈地質，愈深即密度愈大而為堅硬地層所構成。但表面層良好者其較深處未必是良好，常有想像不到之軟鬆地層存在。

　　基礎地盤中常有卵石，腐朽木根等沉埋物，在基礎工程上有很大障礙。尤其在大城市中尚有瓦斯、自來水導管線、衛生下水道、地中電纜等坑道等，在基礎工程進行中應不可損毀這些埋設物。因此對沉埋物或埋設物應在施工中詳加調查並作適當之工程上處理。

　　基礎地盤中多多少少必有地下水存在。地下水位愈高，施工即愈困難。地下水愈深，其水壓愈大，透水性良好地盤（如沙）之地下水水壓，每增深一公尺，即增加 1 t/m^2 壓力，此地下水壓曰靜水壓。如透水性不良之黏土層

上下，其地下水狀態亦不同。在透水性不良層下之地下水壓之靜水壓相當高時，如挖開此地層作水井，即地下水將噴出地表面來，稱之為自噴井，如是基礎工程即更困難。

因此基礎地盤與基礎工程有密切關係。比較軟弱基礎地盤，其支承力小，產生地盤沉陷，而必須有強堅之基礎工程以支承之。

在基礎上加以某一限度以上載重，即其地盤急速增加沉陷 (Settlement)，至引起破壞。此時之最大載重稱為該地盤之極限支承力 (Ultimate Bearing Capacity)。如除以安全率稱為其容許支承力 (Allowable Bearing Capacity)，有時稱為地耐力。地盤之載重下之沉陷可由 「載重 ── 沉陷曲線」(Load-Settlement Curve) 可知。其載重強度（應力）q 與沉陷是 s 之比值 R 稱為地盤沉陷係數 (Coefficient of Settlement)，簡稱沉陷係數，以表示地盤之強度，單位為 kg/cm^3。

至於基礎之調查及改良等請參照本書第二章土方工程及其他土壤力學、基礎工程學等，於此從略。

第四節　淺基礎

淺基礎包括擴展基礎、筏形基礎等，一般其挖掘基礎深度 D_f 與基礎寬 B 之比小於一，即 $D_f/B < 1$。反之 $D_f/B > 1$ 者曰深基礎。

基礎結構物或地下結構物直接挖掘至所需深度者稱為開挖 (Open Cut)。開挖之細長溝狀者曰溝開挖，狹窄孔狀者曰洞（壼）開挖，廣大面積者曰全開挖。淺基礎大都採用此開挖方式施工。

開挖之前應就挖掘面積大小、深度、土質、地下水狀況、四周地形地物狀況加以調查考慮，再決定詳細之施工方法。同時為增進施工效率計，對挖掘與挖出土之搬運間之調配──含挖出之土能夠依序搬出──不致互相牽制原則下決定其施工方法。

開挖之挖掘機械在全開挖時可採用一般土方工程所用機械，如抓土機、扒土機等。如設有斜坡面來搬運者亦可利用推土機、鏟土機等。

倘在開挖中間有樑、鷹架等混在一起而不能用大型施工機械時，應改用手挖或手用機械來開挖，再以輕便手推車、輸送帶等水平搬運，或以昇降機、豎坑、戽斗、起重機等垂直搬運，或兩者混合方式搬運，移出挖出之土方。

　　大規模開挖工程，應設計陸上圍堰 (Land Cofferdam) 或水中圍堰 (Water Cofferdam)，依其設計圖說進行必須之施工。如未在設計圖說表明時，應斟酌施工工地情況，保持開挖面內外地盤安定，再定施工方式。

　　開挖深度深及地下水位下時，可能流進雨水及湧水，故應另作一集水坑於開挖之附近，再以抽水機抽出。倘圍堰木板間隙及開挖底部所溢出水多時，或溢出水有沖刷作用致土壤鬆懈者，應採用灌注工法阻止湧水侵入，或在四周作點井抽水等方式來解決之。尤其鬆懈砂容易被水沖刷，影響整個開挖施工，不得不小心。

　　在軟弱黏土地盤之較深開挖時，因受開挖四周地盤土重，四周產生土之沉陷，並向開挖表面隆起凸出，此現象稱為地盤膨脹，應加以注意。一般挖掘深度 (m) 超過黏土黏著力 (t/m²) 之三倍時可能產生地盤膨脹。於是可採用較廣面積開挖或梯田式開挖等適當方式。在狹窄工地不能採梯田式或分段（部分）方式時，產生地盤膨脹時之深度即為開挖之極限深度也。

一、陸上圍堰

　　陸上圍堰 (Land Cofferdam) 必須能承受開挖四周土壓及水壓。淺者可依經驗來施工，深者應作安定計算及強度計算。陸上圍堰之施工法有下列諸種：

　　1. 素挖工法。

　　2. 點井工法。

　　3. 木料板樁工法。

　　4. H 鋼樁橫支撐工法。

　　5. 鋼板樁工法。

　　6. 錨定 (Anchor) 工法或牽索 (Tie-Back) 工法。

下圖 4–1 係比較簡單之陸上圍堰之擋土方法。

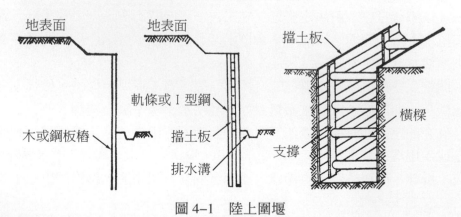

圖 4–1　陸上圍堰

下圖 4-2 係較深之圍堰之擋土方法（用鋼板樁）。

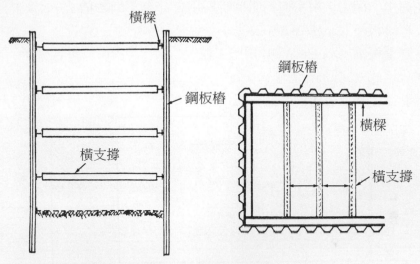

圖 4-2　較深之圍堰

下圖 4-3 係用 H 鋼、I 鋼等。

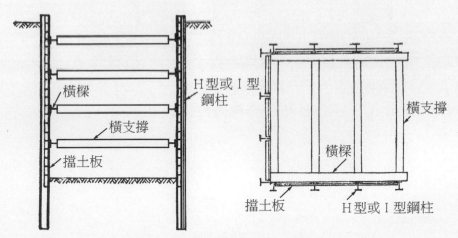

圖 4-3　單排板樁（H、I 鋼）

二、水中圍堰

　　在河川、湖泊、海中進行開挖時採用之。有下列各種：

　 1. 單排板樁 (Single Wall) 工法

　 2. 雙重板樁 (Double Wall) 圍牆工法

　 3. 分格式 (Cellular) 工法

　　下圖 4-4 係其各種工法之一般：

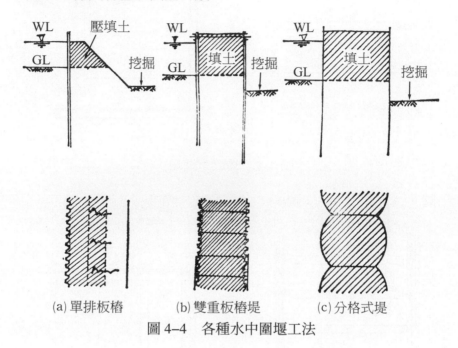

|(a) 單排板樁|(b) 雙重板樁堤|(c) 分格式堤|

圖 4-4　各種水中圍堰工法

三、地中連續壁工法

係一種特殊工法，在城市中可以不致鬆懈四周地盤，沒噪音沒振動之施工方法也。亦係陸上圍堰工法之一，故其施工法與陸上圍堰相似。

地中連續壁工法原理係利用膨潤土 (Bentonite) 泥水，在地盤中挖掘一道孔（如溝狀），立刻灌築混凝土（或鋼筋混凝土）之連續作業，作成一連牆壁，代替圍堰，然在中間進行挖掘土方或其他基礎工程。多用於建築大廈之基礎工程。

地中連續壁工法有下列各種：

1. ICOSI 工法

如下圖 4–5，其施工順序為：①兩側打導牆 (Guide Wall) 再以抓土機等挖土，②插入連鎖管 (Interrocking pipe) 於端邊，已挖部分灌注膨潤土濁液，③排列鋼筋（事先排妥，再放下），④利用混凝土導管 (Tremie pipe) 灌築混凝土，⑤抽出連鎖管。

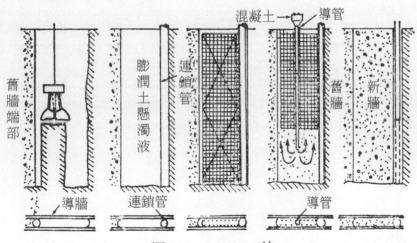

圖 4–5　ICOSI 工法

2. Else 工法

如下圖 4-6，其施工順序為：①右為已挖好部分，離一些處，在左先挖一半並均灌注膨潤土泥水，②右灌築混凝土，左再挖至底部灌膨潤土泥水，③已完成與未完成中間再進行挖掘。

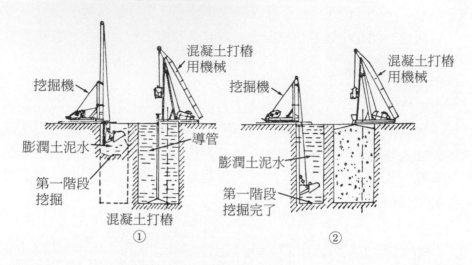

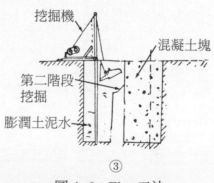

圖 4-6　Else 工法

3. Soletanche 工法

如下圖 4–7，先打一間隔，空一間隔，交替進行挖掘與灌築混凝土，係利鑽頭 (Bit) 來進行挖土，並以導管灌注混凝土者。

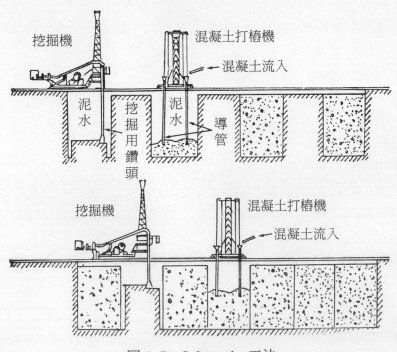

圖 4–7　Soletanche 工法

第五節　樁基礎

一、種　類

以各種材料所作樁 (Pile)，利用打入、壓入、旋壓入等方法貫進於地中之基礎也。一般可分為兩類：

1.預鑄樁 (Precast Pile)：係在工廠或工地作好樁後打入地中者，按材料又可分為：

⑴木樁。

⑵混凝土樁。

⑶預力混凝土樁。

⑷鋼樁：鋼管或 H 鋼。

⑸混合樁。

2.場鑄樁 (Pile Formed in Site) 或 (Cast-in-Place Pile)：利用套管先打入地中而挖掘土方，再灌注混凝土等者，目前比較不常用。可分為：

⑴弗蘭基樁 (Franki Pile)。

⑵辛普萊克斯樁 (Shimplex Pile)。

⑶雷蒙樁 (Raymond Pile)。

⑷擴底樁 (Pedestal Pile)，俗稱大頭樁或蒜頭樁。

⑸砂樁 (Sand Pile)。

另有介於預鑄樁與場打樁中間之「插入樁」者，係先打孔（可穿進困難層面），再插入預鑄樁。

樁基礎又可按其機能分為：

1.支承樁。

2.摩擦樁。

3.圍堰樁。

4.拔出樁。

5.斜樁。

又按外形可分為：

1.圓樁。

2.方樁。

3.八角樁。

依應用目的而分為：

1.導樁。

2.板樁。

3.護樁。

二、預鑄樁之打樁法

預鑄樁樁基礎係不經挖土而直接打樁 (Pile Driving)，其打樁方法有：

1.衝擊法

用落錘打樁機 (Drop Hammer)、蒸氣打樁機 (Steam Hammer)、柴油打樁機 (Diesel Hammer) 等，從樁頂上用重錘打樁者。下圖 4–8 為落錘打樁機之打樁情況。蒸氣及柴油打樁機即不用落差 (Drop)，直接依其動力來驅動打樁，頭在樁頂，使樁逐漸往下打入。

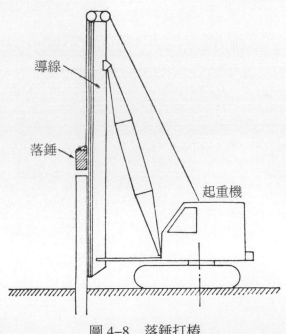

圖 4–8　落錘打樁

2.噴水器 (Water-Jet) 法

在樁端裝設噴水器，樁中有管噴 (Nozzle pipe) 而加壓送水至樁端排除土壤，且同時亦靠樁本身重量而打進地盤者。倘再併用衝擊方式效果更佳。

圖 4-9 左係噴水管，右圖係一種噴水用樁曰 Bingnell Pile。

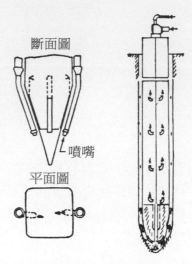

圖 4-9　噴水器

3. 載重壓入法

利用千斤頂等加以重載重而壓進地盤之方法也，沉箱式基礎較常用，樁基礎不常用。

4. 振動法

利用振動打樁機 (Vibration Hammer) 於置於樁頂，依其和靄之振動打樁之方法也。由於軸上有偏心重錘，每對以相反方向迴轉，產生同值相反離心力而互相抵消，不產生橫向震動，可避免強烈噪音及震動，適用於城市。右圖 4-10 示其原理。

5. 沙樁 (Sand Drain) 法

在地盤中先打套管至所需深度（一般至堅硬地盤）後，一邊抽出，一邊填灌沙質土，亦可作為地盤改良

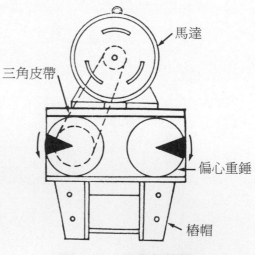

圖 4-10　振動打樁機

方法之一種。下圖 4-11 上係表示沙樁之一般方式，圖下係其詳細之施工順序。

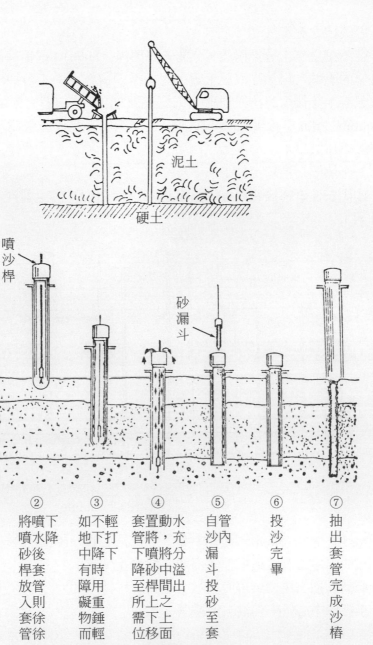

圖 4-11　沙樁施工順序

三、場鑄樁之施工法

場鑄樁之施工分為兩種。一為先將樁模（Shell）（或稱套管）打入土中後挖出模內土壤，再灌注混凝土等，而樁模即留在土中不再抽出。另一為如上灌注混凝土等後再將樁模抽出（或邊灌邊抽出）。前者有雷蒙樁，獨管柱樁（Monotube Pile）等係美國所開發，但並不廣用。茲將比較常用之場鑄樁之施工方法略述於下：

　1. 無樁模之預鑄樁施工法

其代表性者係擴底樁 (Pedestal Pile)，其混凝土樁之施工順序如次：（參考圖 4–12）

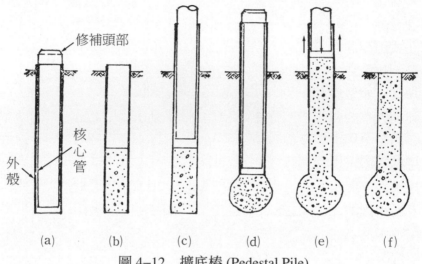

圖 4–12　擴底樁 (Pedestal Pile)

⒜打入樁模 (Shell)，同時中心管（或核心管）(Core) 亦一起打入。

⒝抽出中心管後樁模中底部灌注混凝土。

⒞稍為抽出樁模，再度插進中心管。

⒟打進中心管，使混凝土擴張。

⒠再灌築混凝土，每次灌築後將中心管插入，以防止混凝土之上浮（湧上）。

⒡最後完成之擴底樁情況。

擴底樁之中心管壁薄者有時遺留於土中，與一般預鑄樁相似，其大小為直徑 60 cm 以下，長度 30 m 以下最多。

　　與擴底樁施工相似，但其樁尖混凝土並不擴張，而以中心管控制混凝土之場鑄樁，稱為豎樁 (Straight Shaft Pile)。易言之，豎樁係擴底樁尖端未擴張者。

　2.削孔式場鑄混凝土樁

　　削孔式場鑄混凝土樁有下列三種，多用於直徑 80 cm 以上之長深度者：

　⑴無外套 (Casing) 者：有黏土安定液工法（如 ICOSI 工法）、空氣吸升 (Air lift) 工法、反循環工法 (Reverse-circulation)、噴水工法 (Water Jet) 等。

　⑵部分外套的：鏟斗螺旋鑽 (Bucket Auger) 挖掘工法、迴旋鑽 (Spiral Auger) 挖掘工法。

　⑶全外套 (All Casing) 者：有浚渫漏斗 (Grab-Bucket) 挖掘工法 （如 Venoto 工法）。

　　削孔式場鑄混凝土樁工法，因材料搬運、蓄藏等困難並不多，且可自由調節樁長，故製造大口徑大長度樁。但施工機械規模大、費用高、樁孔四周土壤易掉落，如聚集於孔底者其清除甚費事，尤其在水中或泥水中施工者對混凝土強度大有問題，因此地盤條件、施工優劣影響工程成果甚大。

　　場鑄混凝土樁之削孔有各種削孔機，其方法大致分為兩種：

　⑴挖掘與搬土均依機械進行者。

　⑵挖出之土與水混合，利用循環水排出者。

　　前者多用浚渫漏斗 (Grab Bucket) 型與麻花鑽 (Earth-Auger) 型挖削機。後者多併用噴水法 (Water Jet)。

　　場鑄混凝土樁之施工方法，按下述順序進行（參考圖 4–13）。

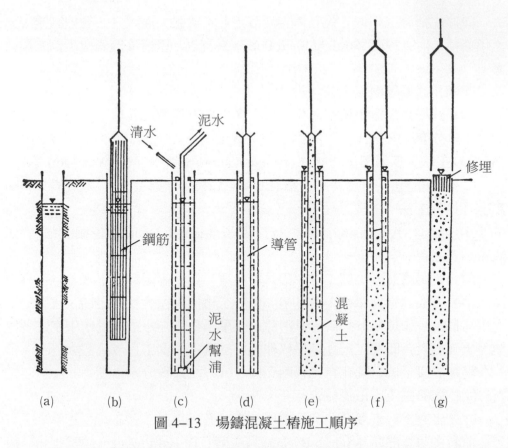

圖 4-13　場鑄混凝土樁施工順序

　　⒜先挖孔，⒝裝設鋼筋（或鋼筋網籠），⒞灌注清水，利用泥水抽水機抽出泥水〔如屬無外套之泥水工法者清水與泥水互換時孔牆將坍崩，故直接進行水中混凝土之灌築，如⒠～⒡〕，⒟插入混凝土導管，⒠～⒡係一邊將混凝土導管及外套管心抽出一些，一邊灌築混凝土，⒢為完工後情況。

　　樁孔之挖掘應選擇適合地質與工程目的之施工機械，不可鬆弛地盤，避免孔樁土壤之陷坍，利用套管、膨潤液等以保持樁孔。尤其套管未深及全長者，孔中泥水高度應高於四周地下水位，否則周圍砂質土壤容易流出而洗刷樁孔及地盤。

　　套管係長約三至四公尺鋼管再以焊接連接，用振動方式壓進土中。孔底在未灌混凝土前由於沉澱或上揚而產生土砂之積留，影響以後支承力及沉陷。故灌注混凝土之前必須清除，再以混凝土導管灌築，可能者採用抽水機將泥水抽出為妙。

在灌注混凝土中，混凝土導管下端必須埋設於混凝土中，灌一段混凝土後，導管亦往上提升一段，套管亦與導管同樣與混凝土相接觸，而徐徐向上抽取。如果改用壓力灌漿 (Prepack) 工法時，投入骨料於樁孔後，其孔內水位要保持恆定（不可降低），否則由四周湧進之湧水侵入骨料空隙內，水泥沙膠就難以灌築。

第六節　沉箱基礎

沉箱 (Caisson) 基礎在基礎工程中係最大型之箱形基礎。以巨大筒形（圓或方形）基礎體施設於地上，一般在其尖端附近之筒內挖掘其地盤，再以基礎本身重量往下沉陷而構成基礎結構者也。亦有直接在水中支承面上放設者（即不再向地盤挖掘）。

沉箱按功用可分為三類：

1.開口沉箱 (Open Caisson)：在大氣壓下或水中，於沉箱內將地盤挖掘，依其自重（或再附加）向下沉陷者。

2.壓力沉箱 (Pneumatic Caisson)：為排除沉箱底挖掘面湧水計，將沉箱底板封閉，在壓縮空氣下進行挖掘工作者。

3.水中沉箱：在水底上施設之沉箱也。有時亦稍為深入水下地盤中。

沉箱由於水平剖面之不同，亦可分為

1.圓形。

2.正方形。

3.長方形。

4.橢圓形。

5.混合形（如方形與圓形混合）。

近來大型沉箱除上述各別形成外，多在中間再分隔很多間隔，如在圓形內加「井」字形間隔者。大者直徑有 30 m，邊長亦 30 m 之水中沉箱（做防波堤用），厚度自 30 cm 至 100 cm。

沉箱基礎之施工有些作業、設備與其他不同，茲先說明於下：

⒜壓力工法：以壓縮空氣排除地下水，保持作業面之安定之施工方法也。即以高氣壓空氣阻止沉箱外之地下水滲入，而在沉箱內底進行挖掘作業之謂。

(b)作業室：在壓力沉箱內底部封閉部分，由高氣壓空氣控制下進行挖掘等作業之處地也。

(c)氣閘室 (Air lock)：在作業室用於作業員工及材料之進出計，所設立之豎導坑 (Shaft) 上面之門戶，多用雙重門，日氣閘。

(d)柱腳 (Shoe)：沉箱周圍牆壁下端之尖端部分也。沉箱牆壁厚度在尖端部分較薄，形成一圓錐斜面 (Taper) 而在此附加之鋼片稱為柱腳，以利沉箱之下沉，保護箱體。參考圖 4–15。

(e)組塊 (Lot)：沉箱往下沉，上面再接，其每構築部分沉箱軀體稱之。有柱腳部分為最初組塊日第一組塊 (First Lot)，接上為第二組塊，第三組塊……

(f)沉陷施工：挖掘沉箱內部，使沉箱向下沉陷之作業。

(g)沉陷關係圖：在沉陷施工過程裡，為使其沉陷而附加載重量與沉陷抵抗力間之關係圖表也。

(h)施設沉箱：外形為箱形之沉箱，事先製造其全部或部分，移至水上（浮在水面）再行搬運至所需位置，然沉設於事先已在水底面浚渫作妥之基礎面上者。

(i)浮式沉箱 (Floating Caisson)：係事先在陸上作好箱形之沉箱浮在水面搬運至水中所需位置，加載重使其下沉，下沉後再以壓力工法或水中挖掘方法，將沉箱底再沉埋於水底地盤內者。如未作水底之下陷挖掘即為上項(h)之施設沉箱也。

(j)裝設沉箱：事先作好沉箱之全部或部分，利用水上搬運，再以起重機（船）將它吊裝於水底者。

(k)沉箱工作場 (Caisson Yard)：構築水中沉箱，並進水使沉箱下沉之設備場所也。

今就各種沉箱施工方法說明於下：

一、開口沉箱

開口沉箱並非作好全部沉箱軀體後再下沉者，而由底部分為數組塊 (Lot)，再將每一組塊一次一次下沉來構築。下圖 4–14 係其施工順序：

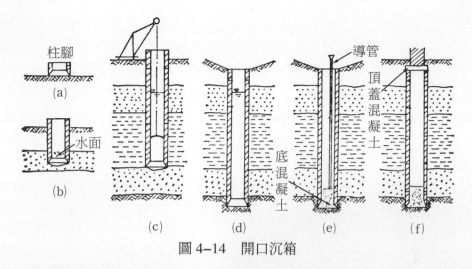

圖 4-14　開口沉箱

⒜在陸地上或工作場 (Yard) 先做柱腳 (Shoe) 部分之第一組塊，而在箱內挖掘土方，沉箱由於自重及尖銳之柱腳自行向下沉沒。參考下圖 4-15 之柱腳 (Shoe)。

⒝在第一組塊上再接續第二組塊沉箱，再與第一組塊一起往下沉沒。同樣繼續施工第 n 組塊至所需深度為止。

⒞沉箱已沉沒相當深度時以施工機械來挖土。

⒟已深入所需深度。

⒠在沉箱底（柱腳）施灌混凝土來封閉（利用混凝土導管施工為宜），排水不良時應灌注水中混凝土。

⒡最後在沉箱頂作封蓋（鋼筋混凝土板）以便承受橋墩等結構物。

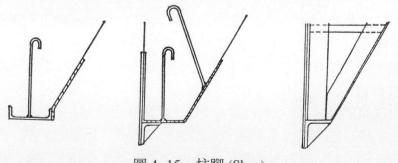

圖 4-15　柱腳 (Shoe)

柱腳部分外牆係垂直，內牆向內傾斜形成圓錐斜面。開口沉箱愈下沉，

即其周圍牆面所作用摩擦力（由地盤而來）產生之下沉抵抗力愈大，致僅以本身重量無法下沉。於是應追加載重（附加負荷）於沉箱上面，以促進其下沉。深沉箱一般需要大量之附加負荷，其費用占總工程費之相當比例。附加負荷多以不妨礙起重機吊起抓土戽斗等挖掘作業下，在沉箱四周作架構來加荷重。惟加載重時總會影響挖掘作業，每一組塊之接續處必須拆取再裝設，致工期延遲。而且附加負荷後，沉箱中心升高，其安定性減少，或沉箱傾斜，或偏心。故進行當中不得不留心。

　　近來改善沉箱之下沉計，多併用噴水 (Water Jet) 法，空氣噴射 (Air Jet)法或利用振動 (Vibratation) 方法。

二、壓力沉箱工法（或稱壓氣沉箱工法）

　　壓力沉箱之構造及施工與開口沉箱相似。所不同者在第一組塊（有柱腳部分） 上作封閉之頂蓋， 形成一作業室。 而在頂蓋中間開口作一豎導坑(Shaft)，在導坑頂端連接氣閘室 (Air lock)。在作業室內員工（多為潛水工人）挖掘土方後以戽斗盛出，經過導坑及氣閘室再排出沉箱外。氣閘室門（氣閘）關閉，由輸氣管輸送壓縮空氣進入，作業室氣壓就上升，如此氣壓相等於四周地下水壓時，地下水就不致浸入作業室內，在作業室內可在無水乾燥狀態下進行挖掘工作。惟作業室內由於作業員工排出二氧化碳或其化有害氣體，故必須換氣以排除之。假若由沉箱底柱腳之漏氣量多於必須之換氣量者可不必換氣。一般均以輸氣管輸進新鮮空氣，由排氣管排出有害氣體，使空氣循環。作業氣壓管應連接於空氣調節室內之氣壓計，以觀測並管制作業室內之氣壓大小。作業員工及挖掘土方、裝載戽斗、其他材料之進出，應經過氣閘室來管制。當進入時先打開氣閘室雙重門戶之第一道門（上面之上扉）（先拔出氣閘室之空氣），進入氣閘室後關閉第一道門，再輸送壓縮空氣進入氣閘室。當氣閘室氣壓與豎坑中之氣壓相等以後打開第二道（下面之下扉）門而進入豎坑，以至作業室。反之，當要自作業室出來時，即採取進入時之相反步驟就行。

　　壓力沉箱之深者，需要高壓力，作業室內氣壓有時達到好幾倍之大氣壓，致引起作業員工之沉箱病（與潛水伕之潛水病相同）。所謂沉箱病，於氣壓愈高，工作時間愈長，愈容易罹患，但亦與作業員工本身體質而有差異。故從事沉箱之工作員工應舉行嚴密之體格檢查，其體質合格者始可從事此工作。根據統計吾人於勞動中可忍耐之最高氣壓為每平方公分四公斤以下（按一大

氣壓約為每平方公分一公斤），故壓力工法之沉箱埋設深度應根據空氣壓力加以限制，目前紀錄為地下水面以下三十七公尺（但非地表面）。

　　壓力沉箱之施工必須考慮上述情況，嚴加管制，並按照施工安全管理有關規定進行。請參考敝人翻譯，財團法人臺灣營建研究中心編印（七十年七月）之『高氣壓施工作業之安全衛生措施』。

　　壓力沉箱之施工順序大致如下：（參考圖 4–17），圖 4–16 係其詳細施工情況。

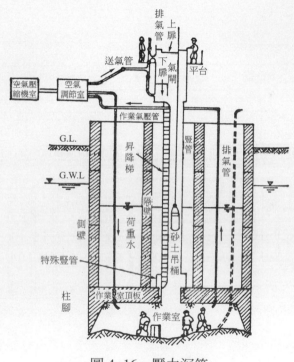

圖 4–16　壓力沉箱

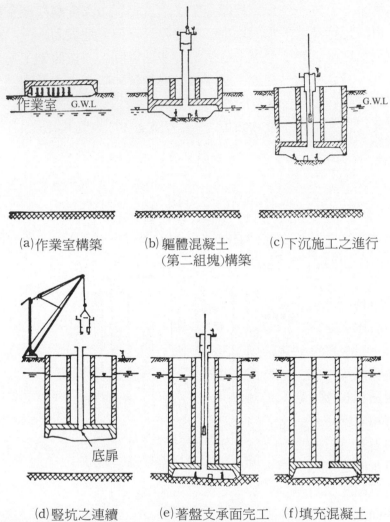

(a)作業室構築　　(b)軀體混凝土　　(c)下沉施工之進行
　　　　　　　　　　(第二組塊)構築

(d)豎坑之連續　　(e)著盤支承面完工　(f)填充混凝土

圖 4-17　壓力沉箱之施工順序

(a)首先構築第一組塊（即作業室）。

(b)繼續構築第二組塊，並作豎導坑，進行挖土。

(c)沉箱往下沉沒，再接第二，第三組塊箱體。

(d)繼續下沉，並連接豎導坑，利用起重機吊出土方。

(e)下沉至所需地盤（岩盤）後將其支承面修飾。

(f)封閉作業室（以混凝土充埋之），可以利用混凝土戽斗搬進混凝土，或由氣閘室直接丟下，或以混凝土泵 (Concrete Pump) 送進。完全填滿後經 24

小時之養護，再將豎導坑及氣閘室拆除。如果豎導坑四周充滿了水者，應排除此水，或在水中將豎坑切斷。

　　壓力沉箱與開口沉箱相似，有牆面摩擦及柱腳抵抗產生沉陷抵抗力，除外另有作用於作業室頂蓋壓力之上浮力（上揚力）(Uplift) 之抵抗力。壓力沉箱之下沉必須有大於上述諸抵抗力之附加載重。此附加載重可利用作業室頂蓋上充填水或土砂，如再不足者就在沉箱上面附加載重。有時在作業室內排除一部分空氣，漸將下降氣壓，以減少壓力引起之上浮力等簡便方法。

三、水中沉箱工法

　　水中沉箱之水深較淺者，採用陸上圍堰或先填土築地再作沉箱，使其下沉。但水深較深時，應事先在沉箱工作場或乾塢 (Dry lock) 製好鋼筋混凝土沉箱後，使其進水並拖曳或以平臺船、起重船等作水上搬運至所需位置後安放，或沉設於水底上後再作其他下沉施工。有時將沉箱之部分或全部外殼作成鋼殼結構，以水或其他載重使其下沉後，再打混凝土於殼內以增加重量，並挖掘土方進行下沉施工者。

　　沉設於水底之沉箱依製造、水上運搬、水中下沉等方式之不同可分為浮式沉箱 (Floating Caisson) 與裝設沉箱兩類。前者係將沉箱浮在水面，以拖曳方式運搬至沉設地點下放，後者係以水上搬運至沉設地點，或在沉設地點上作架構製造沉箱後以起重機吊放者。前者在下沉時亦可利用起重船來吊放，以保持沉箱之安定性。兩者所不同者，前者可依本身浮力浮在水面（時有用補助浮力者），而後者係不能浮在水面（太重）。

　　沉設水底之沉箱，在沉至水底面後，在沉箱底內進行挖掘而使沉箱向水底地中再沉陷，又可分為開口沉箱與壓力沉箱，但亦有不再挖掘而沉陷，僅僅在水底面上或稍為挖掘至水底面下之支承面者稱為水底設置沉箱者。

　　茲就各種水中沉箱之施工方法敘述於下：

　1.水底設置沉箱

　⑴箱形沉箱

　　以鋼筋混凝土或鋼所作箱形浮在水面上，利用水上搬運至所需位置，下沉裝設於預先做好之支承面，碎石基層或樁等之基礎面上之沉箱也。箱形沉箱與一般沉箱不同者，在其裝設面下不再挖掘而做下沉施工，預先向良好地盤（可能甚深）浚渫好，在此低層處設裝設面，裝設好沉箱以後，在其四周回填，以安定沉箱較多。普通之箱形沉箱有堅硬之底板，於下沉後在預先開

設孔中灌注混凝土，填滿沉箱底空隙，增強基礎面之支承力。

(2)吊鐘形沉箱

係箱形沉箱之改良形，沒有頂板與底板之鋼筋混凝土或鋼製之吊鐘形(上下完全中空) 沉箱也。以船隻或浮在水面拖曳至需要位置，以起重機等吊裝於事先施設之群樁上 (覆蓋在上面)，然在沉箱內底部灌注水中混凝土，使沉箱與水底及樁固定後，排除沉箱內積水，最後在水中混凝土上面作鋼筋混凝土施工。

(3)設置沉箱，水中模殼

由水中浚渫在事先挖好支承面上，將無底之鋼製箱形模殼下沉，設置妥善後在箱形模殼中鋪裝壓力灌漿混凝土等之水中混凝土來填滿者。近來在大規模之海中基礎工程常採用。

2.浮式開口沉箱

浮式開口沉箱 (Floating Open Caisson) 係水挖之浚渫沉箱 (Dredge Caisson)。為獲得曳航，下沉時之浮力計，有附設假底板之所謂「假底板沉箱」，有將外周牆以雙層鋼板之所謂「雙重牆沉箱」，有在沉箱上半部作成圓頂 (穹頂) 而在穹頂引進壓力之所謂「穹頂沉箱」 (Domed Caisson) 等諸種類。

浮式開口沉箱，尤其用假底板沉箱，如水底地盤軟弱時，當下沉至水底後數公尺間之沉陷施工呈顯不安定狀態。故宜以橫方向之支承設備 (如支承模殼、鋼索錨定等) 來校正其不當之水平移位或傾斜。

浮式開口沉箱由於先天性缺陷 (水中施工及有限空間內進行挖掘，繼續施工第二，第三……組塊等)，工期增長，工作之危險性亦高，故目前幾乎沒有採用此種沉箱，而改用其他改善或新開發之其他工法之沉箱，如下述之吊裝沉箱就是其中一種新開發之施工法。

3.吊裝式開口沉箱

吊裝式開口沉箱係預先在陸上構築數十公噸至千餘公噸之部分沉箱，而以起重船吊起，放在船隻或直接吊在起重機上，曳航至需要地點，再吊放於水底後，將沉箱內水抽出，視作浚渫沉箱一般，進行其沉陷施工者。由起重船吊起之最初部分沉箱以鋼筋混凝土製造。

吊裝式開口沉箱曾在日本製造安裝，其最大者 (最初部分) 直徑 10 m，高 33 m，牆厚 1.3 m，重約 1800 公噸之圓筒形沉箱，利用 2000 公噸起重船，

安裝於 15 m 水底裡。

　　由於不在沉設地點構築鋼筋混凝土開口沉箱，而在陸地上以預鑄方式進行，此為吊裝式開口沉箱之最大長處。因此與採用鋼殼之浮口沉箱比較，其工程費相當低，在水上工作時間較短，總工期亦短，且幾沒有不安定狀態之水上構築作業，可避免預料外之事故發生。

　　4.沉設式壓力沉箱

　　所謂沉設式壓力沉箱係在下沉水底後，利用壓力沉箱方式進行其沉陷施工者。在水中沉陷之方式與開口沉箱相似，有浮式與吊裝式兩種。在水底下沉後之壓力沉箱作業與陸上壓力沉箱相同。惟剛剛下沉後箱底柱腳 (Shoe) 向水底之貫入量較小時，如將壓力（壓縮空氣）輸入作業室者由柱腳下端往外洩氣，致擾亂四周地盤，引起沉箱不安定之危險性，因此在柱腳周圍必須以黏土等採取防止漏氣之措施。有時在極軟弱地盤者，其柱腳可自行深入水底面下，作業室內立即沒有空間，於此如不注意，逕行輸送壓縮空氣者，沉箱就呈顯極不安定狀態，致生危險。因此輸送壓縮空氣之前，應將作業室內土壤挖除（如以泥砂泵），使沉箱下沉至水底下數公尺深度，令沉箱到達比較安定狀態後，再輸送壓縮空氣，進行挖掘作業。

第七節　其他基礎

　　一般基礎有直接基礎（含擴展基礎、筏形基礎）、樁打基礎、沉箱基礎三種，但由於載重、跨間、地形等條件所限，或者混合上述三種基礎，或改良上述基礎，形成另一新形式之其他基礎，如管柱（墩式）基礎、特殊大型基礎、托換基礎等諸種。

　　茲就不同其他基礎略述於下：

一、管柱（墩式）基礎 (Pier Foundation)

　　由管柱（墩）(pier) 所構成基礎稱之。易言之，與樁基礎相似，但將樁作成大口徑者稱為管柱。兩者相差在管柱口徑多為 1.0 m 至 3.0 m，樁口徑約 0.3 m 至 0.9 m 外，樁係預鑄後以外力打進地盤內，而管柱係挖掘地盤成洞後，灌築混凝土充填該洞之場鑄者，故有時亦稱為場鑄混凝土樁（但口徑大）。在城市中因打樁產生噪音、振動等公害，近來改用管柱基礎就可避免，尤其採用施工機械更佳。

　　管柱基礎施工在陸上工法 (Dry Working Method) 有深基礎工法（或稱開坑工法）(Open Shaft)；在水中工法有圓筒 (Cylinder) 工法、場鑄混凝土工法、特殊機械深基礎 (Mechanically Bored Shaft) 工法等。

　1.深基礎工法 (Open Shaft)

　　係人為之陸上工法，邊挖邊作擋土（水井型模殼）。參照圖 4–18。圖 4–19 係美國芝加哥井工法及 Gow 工法，中間再灌築混凝土。

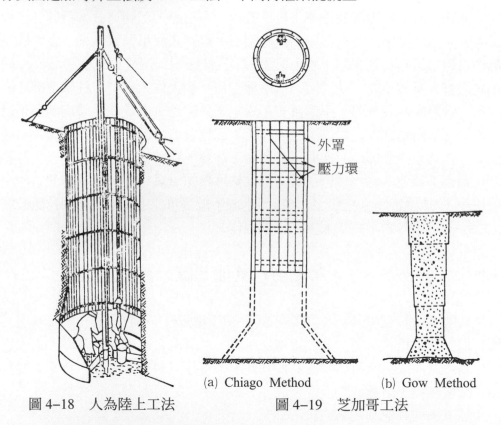

外罩

壓力環

(a) Chiago Method　　(b) Gow Method

圖 4–18　人為陸上工法　　　圖 4–19　芝加哥工法

2.圓筒工法 (Cylinder Method)

剖面口徑約 90 cm 至 300 cm；大於樁，小於沉箱者，或可稱為小型沉箱基礎。外殼圓筒可用混凝土或鋼來製造，圖 4-20 係其施工之一般情況：

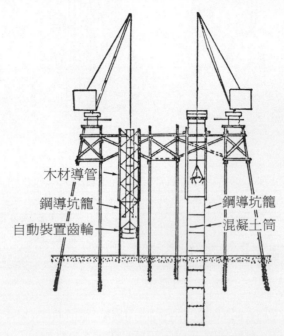

木材導管

鋼導坑籠

自動裝置齒輪

鋼導坑籠

混凝土筒

圖 4-20　圓筒工法 (Cylinder Method)

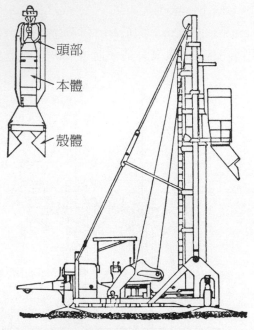

頭部

本體

殼體

圖 4-21　貝諾托工法

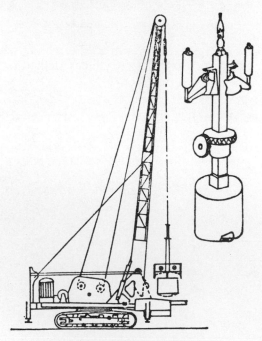

圖 4-22　高衛得土鏟工法

3.場鑄混凝土工法

沒有噪音，沒有振動，以機械作水中挖掘成管柱，有四種工法：

(1)貝諾托 (Benoto) 工法：如圖 4–21。

(2)高衛得 (Calweld) 土鑽工法 (Calweld Earth Drill Method)：如圖 4–22。

(3)反循環工法：如圖 4–23。

(4)威連挖掘機 (William Digger) 工法：圖 4–24。

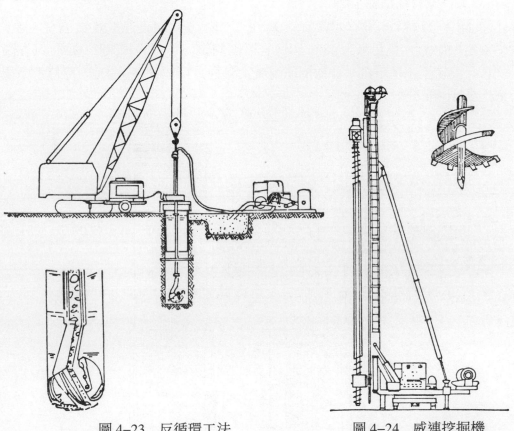

圖 4–23　反循環工法　　　　　　圖 4–24　威連挖掘機

二、特殊土型基礎

通常長跨間橋樑，其基礎必深入，基礎軀體亦龐大。如此深度深，剖面大之大型基礎稱為特殊大型基礎。在海上橋樑時採用之。按水深 40 m 以上者，因壓力沉箱之氣壓必須在 3.5 kg/cm² 以上方可，但已超過其經濟作業限度。因此水深在 10 m 至 40 m，基礎底（柱腳）深入 40 m 以上者應採用特殊大型基礎，並以水中挖掘工法施工。可分為下列兩種施工方法。

　　1.特殊管柱基礎工法

　　圖 4–25 係其一例，水深自 16 m 至 27 m，基礎用直徑 1.55 m 管柱（墩）35 支所構成。最長深入 48 m 水底岩盤而固定。先做鋼管圓形模殼（在陸地），曳航至工地下沉，並做鋼筋混凝土管柱（可以連接上去），再打水中混凝土於中間，構成一整體。

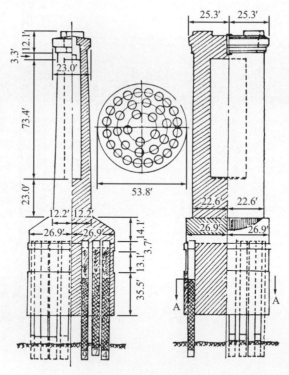

圖 4–25　特殊管柱工法

2.特殊大型開口沉箱基礎工法

長跨間橋樑之間口沉箱剖面變成超大型，故多作成蜂窩狀 (Cellular Type)（或密肋式），且因深水而作成浮式沉箱。可作圓形、方形等。茲就圖 4–26 說明之。

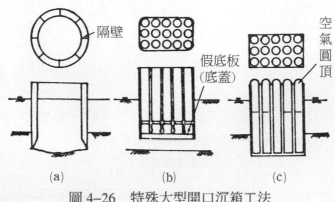

圖 4–26　特殊大型開口沉箱工法

⒜雙重牆沉箱 (Double Wall Caisson)：圓形，牆為雙層，可浮游。

⒝假底板沉箱 (False Bottom Caisson)：長方形者，在底板開一臨時口以便挖掘者。

⒞壓力穹頂沉箱 (Air Dome Caisson)：在上端裝輸送壓縮空氣之穹頂，可調整下沉之進行者。曾在美國舊金山附近 (San Franciso Oakland Bay) 採用過。

三、托換基礎

在已有結構物下面，再新造基礎者曰托換基礎 (Underpinning)。使用於現有基礎支承力不足，引起沉陷，傾覆時之復舊工程。又現有結構物鄰接處或其下面新做基礎時影響原有基礎，故在原有基礎上做補強時亦採用托換基礎。圖 4–27 上係傾斜，下係不均匀沉陷下之托換基礎。

托換基礎工程可分為兩種：

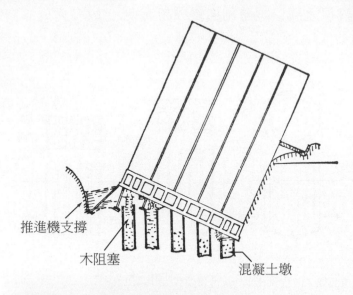

推進機支撐
木阻塞
混凝土墩

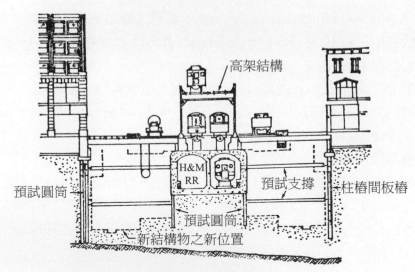

高架結構
預試圓筒
H&M RR
預試支撐
柱椿間板椿
預試圓筒
新結構物之新位置

圖 4-27　托換基礎

1.必須假設工程者

(1)由支承柱：如圖 4–28

(2)由樑：如圖 4–29 (a)(b)

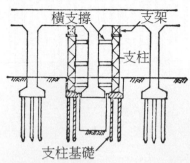

圖 4–28　托換基礎之支承柱

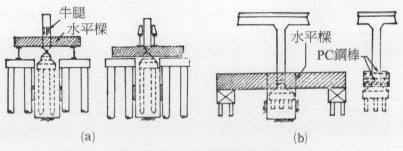

(a)　　　　　　　　　(b)

圖 4–29　托換基礎之樑支承

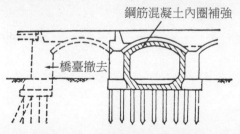

圖 4–30　軀體補強（拱）

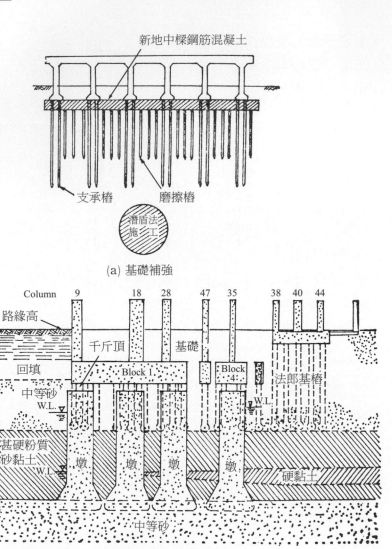

(a) 基礎補強

(b)

圖 4-31　托換基礎之補強

2. 直接補強者

⑴補強結構體本身：如圖 4-30

⑵補強基礎：如圖 4-31

上述各種方法均於事先加強地盤，多以灌漿工法 (Grouting Method) 與凍結工法施工。前者灌入水泥沙膠、黏土、膨潤土混合物、柏油、藥液以增加地盤強度，防止湧水、漏水。後者係輸送冷凍液至地盤，循環噴出而凍結地下水，以固結地盤。

第八節 深開挖及擋土工程

在本章第四節曾述及淺基礎之開挖有：陸上圍堰、水中圍堰、地中連續壁等工法。深開挖亦照樣可採用，惟深度較深，地中連續壁比較常用外，如採用圍堰 (Cofferdam) 者，務必注意其擋土工程。茲敘述常用深開挖及擋土方法於後：

1. 木板樁之圍堰及擋土：參照圖 4–1。

2. 鋼板樁之圍堰及擋土：參照圖 4–2。

3. H 鋼樁之圍堰及擋土：參照圖 4–3。

4. 牽索 (Tie Back) 工法：利用拉桿 (Tie-rod) 者，如圖 4–32 之上圖。

5. 錨定 (Anchor) 工法：利用索繩（傾斜而前端放大）錨定於土壤中，或稱地錨工法 (Earth Anchor)，如圖 4–32 下圖。

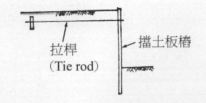

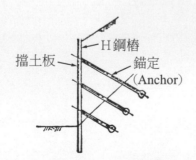

圖 4–32　錨定工法

6. 地中連續壁工法：參照圖 4–5，4–6，4–7。

7. 水中圍堰工法：參照圖 4–4。

8. 反循環挖掘工法：與場鑄混凝土樁中反循環工法相似，在大規模結構物基礎之擋土及支持（支撐）施工不易時，同時進行挖掘與結構物之施工，

因利用結構物之一部分作為支撐，可增加擋土之安全，並進行較深之挖掘工程，適合於陸上。臺北市來來大飯店地下多層之施工就是利用本工法，由地面一面往地下，一面往二樓，同時施工。其施工順序如下圖 4-33，適合於大廈，大廠房基礎工程。

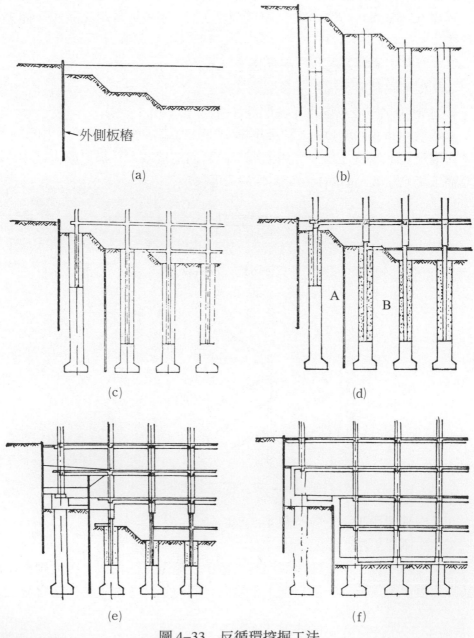

圖 4-33　反循環挖掘工法

(a)四周打下鋼板樁，以機械挖土內部土方至某一深度為穩定表面，應做適當保護，如打水泥沙膠於已挖地面上。

(b)作管柱基礎，並在內一層再打一層鋼板樁以防土崩。

(c)在管柱內裝設鋼管，並在一樓及地下一樓裝設鋼管或鋼筋後，將管柱填滿沙。

(d)進行一樓地板及柱之混凝土施工，然將一樓地板模板拆除，作為外圍鋼板樁第一段落之樑。再開始做 A，B 部分之挖掘作業。

(e)進行地下二樓，三樓之挖掘工作與灌築混凝土作業。反覆進行至地下第 n 層深。

(f)完成地下第 n 層。

第九節　灌　漿

以水與水泥混合，以及其他材料灌進吾人不易接近之地盤或混凝土結構物之孔隙，稱為灌漿 (Grouting)，用於基礎、接縫、伸縮縫（水路或隧道水壩等），以防止漏水。尤其在大壩基礎缺陷之改良，利用灌漿為最有效之工法，在設計與施工必須實施之。

灌漿可分為下列諸種

1.基礎灌漿

　(1)固結灌漿。

　(2)帷幕牆灌漿。

　(3)特殊灌漿。

2.接縫灌漿

茲分別說明於下：

一、基礎灌漿

固結灌漿 (Consolidation Grouting) 係在廣泛之大壩支承基礎上分配為格子一般再挖取淺孔，灌漿後使其支承會固結，增進基礎之水密性與支承力，同時可協助帷幕牆灌漿工法之效益。由於地質，壩形式及大小之不同，灌漿孔距離約 1.5～3.0 m，深度自 6～12 m，於大壩本身挖掘完成後，立刻由其表面實施灌漿。參考圖 4–34。

帷幕牆灌漿 (Curtain Grouting) 之制水牆 (Curtain) 盡量設於混凝土壩上游底緣，在填實壩即設在遮水牆 (Core) 中央至下游端中間適當位置，孔間隔亦為 1.5～3.0 m 間，深度約 10～20 m。帷幕牆灌漿多在固結灌漿後進行。下圖 4–35 為其孔配置與施工順序。

壩之基礎灌漿普通採用下列三種工法。

1.單段式灌漿工法 (Single-stage Grouting)

一次挖至所需深度，洗滌灌漿同時連續作業而完成者，多用於淺孔，固結灌漿，孔深約 6～7 m。

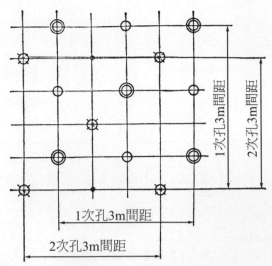

○○ 1次孔第1次施工 　 ⊗ 2次孔第1次施工

○ 1次孔第2次施工 　 ● 2次孔第2次施工

固結灌漿孔之配置

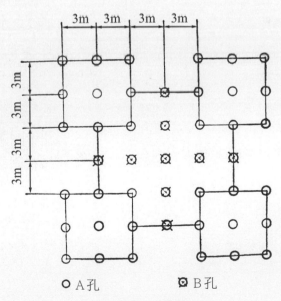

○ A孔 　 ⊗ B孔

一般施工順序

圖 4-34 基礎灌漿

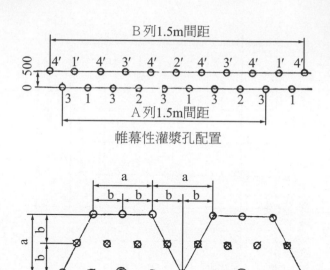

帷幕性灌漿孔配置

◎ A孔　　　◦ B孔　　　⊗ C孔

a = 6～12m　　　　　b = 3～6m

一般施工順序

圖 4–35　帷幕牆灌漿

2.多段式灌漿工法 (Successive-stage Grouting)

將全深區分為每段 5～6 m，首先（第一階段）挖至所需深度後，洗滌、灌漿，俟灌漿凝固充分後進行第二階段之挖掘，再洗滌、灌漿，繼續進行至所需全深度。費用較高，但減少表面岩盤之破裂，比單段式優良。用於固結灌漿及帷幕牆灌漿。

3.包裝式灌漿 (Grouting by Packers)

利用包裝灌漿機 (Packer)，區分孔長，而對四周岩盤進行灌漿。圖 4–36係有水平（傾斜）縫 (Seam) 時，在其上裝包裝灌漿機，進行洗滌與灌漿。圖4–37係在帷幕牆灌漿者，深長 20 m，每 5 m 灌漿一次。

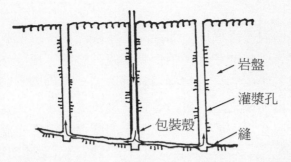

圖 4-36 水平縫包裝式灌漿

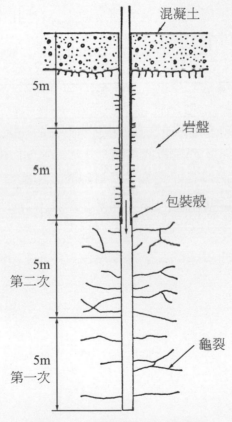

圖 4-37 帷幕牆包裝式灌漿

二、接縫灌漿

一般基礎多由混凝土構成，而混凝土基礎施工多以塊狀灌築混凝土。在地下水處或堰壩等由於塊狀，必須使其構成一整體，提高水密性以防水之滲漏，故在塊狀混凝土中間進行其接縫灌漿施工。在拱壩之豎向，橫向接縫，在重力壩或中空重力壩之豎向接縫等務必施行灌漿。

接縫之灌漿，在重力壩時，當混凝土溫度達最後安定溫度而蓄水後其接縫口展開時才進行。拱壩者應降低在應力計算所假定壩體溫度下才進行灌漿。灌漿之適當時間由於混凝土溫度、施工情況而不同，大致在灌築混凝土後，氣溫與冷卻水溫關係中，混凝土之冷卻最有效之隔冬、入春後灌漿最佳。拱壩應在蓄水後壩身溫度降下或其他原因，致接縫有開口時，才在冬天作第二次灌漿。接縫裂口最小要 1 mm 以上灌漿才有效。

接縫全體（全高）一次灌漿時，由於灌漿壓力，恐有塊狀安定，作業中水泥凝結之虞，且有灌漿之遺漏，灌漿泵容量等困難。因此每 10 m 至 20 m 高，分別設立豎坑進行灌漿為宜（參照下圖 4–38 及 4–39）。構成灌漿豎坑計，在豎坑上，下面、側面、開口周圍等，由表面離開 30 cm 至 50 cm 處埋入厚度 0.6～1.2 mm 之 Z 型鋼板或銅板之止漿板。如止漿板設置不善，即灌漿時水泥漿漏至壩表面或其他豎坑，對整個灌漿作業產生極大困難，故務必小心進行之。尤其水平止漿板下側，混凝土不易流轉，可在止漿板上開鑿空氣孔。止漿板連續部宜以肥皂膜試驗，檢查是否完全，然後才埋入為宜。

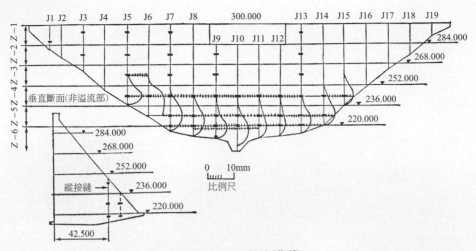

圖 4-38　豎坑灌漿

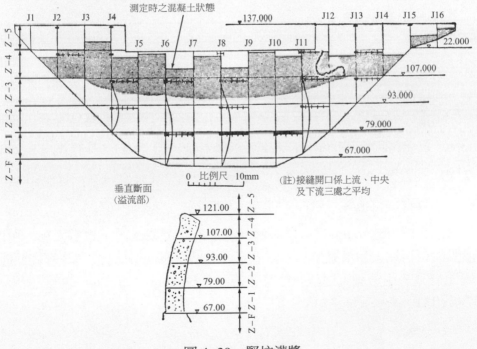

圖 4-39　豎坑灌漿

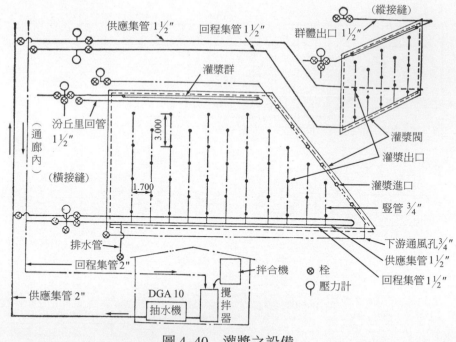

圖 4–40　灌漿之設備

　　對收縮接縫之灌漿施工時，必要一連串之配管，此配管應能應付萬一在配管中阻塞時，亦可互相循環方可。灌漿配管系統由於是否有再灌漿 (Re-grouting) 而多少有出入，大致係自通廊或上下流面所設堤外管→供應 (Supply) 及內路集管 (Return header) （以後為堤內管系統）（其管徑為 $\frac{1}{2}''\varnothing$ 至 $2''\varnothing$）→豎管 (Riser) （管徑 $\frac{3}{4}''\varnothing\sim1''\varnothing$）→灌漿出口 (Grout-Outlet) →接縫→灌漿群→空氣瓣（管徑 $1\frac{1}{2}''\varnothing\sim2''\varnothing$）之系列所成。

　　再灌漿時 (Regrouting) 需要兩套（兩系統）灌漿設備，相當複雜，可改用灌漿出口再注入用灌漿瓣。水泥灌漿後以低壓水洗滌管內，以備日後灌漿之用。普通管用薄膜電縫鋼管豎管間隔自 2 m～3 m，每 5 m²～9 m² 使用一個灌漿出口，交替配置之。

習　題

1.基礎工程在施工上應特別注意哪些事項？試詳述之。

2.試詳細分述基礎工程種類。

3.何謂圍堰？有哪些種類試加說明。

4.何謂地中連續壁？多用於何種工程？

5.何謂樁基礎？有哪些種類？試加說明。

6.何謂沙樁？與一般樁有何不同？試加以說明。

7.何謂沉箱基礎？按功用可分為哪些種類？

8.何謂管柱（墩式）基礎？

9.何謂托換基礎？與一般基礎有何不同？

10.試略述反循環挖掘工法。

11.何謂灌漿？用於何種工程？有哪些種類？試略述之。

12.壓力沉箱與開口沉箱差別何在？有何特徵？

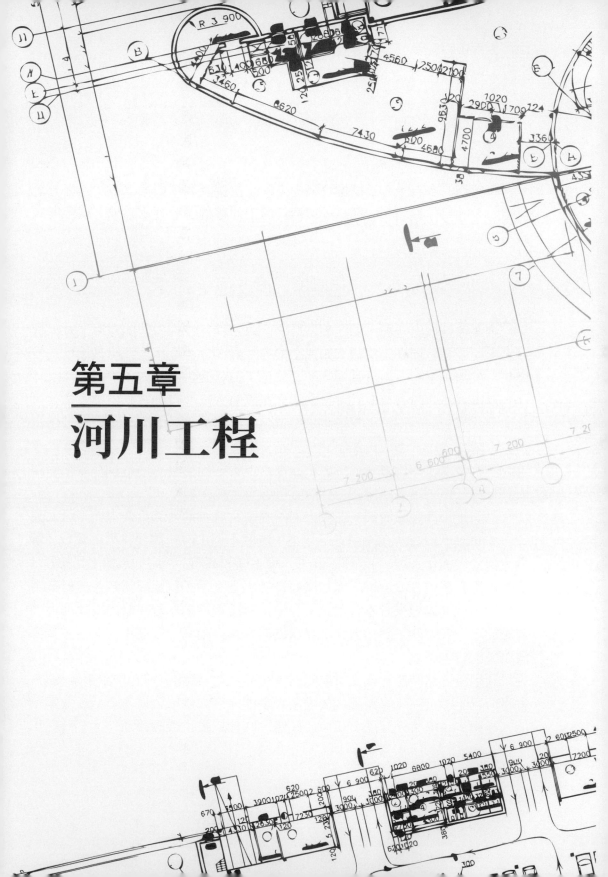

第五章
河川工程

第一節　概　述

河川工程不外乎河川之整治與防洪。

河川整治多為土方之挖掘及築堤工程。挖掘及築堤與第二章所述土方工程相同，除另作護坡（如種草皮與椿打圬工、移柵工等護岸）外，請參考該章不再贅述。

第二節　浚　渫

浚渫係挖掘之一種，係在平均低水位以下進行挖掘者。除採用土方工程之水中挖掘之各種施工機械（如抓土機等）外，一般採用浚渫船（抽水式浚渫船）於河川工程，由於其高性能之故也。茲就此說明於後：

抽水式浚渫船有自航式（自動式）與曳航式（非自動式）兩種。型式可分切削式 (Cutter type) 與非切削式 (Cutterless type)，前者較多用。動力多用電動力，時用內燃式者。浚渫船之排泥管有鋼管、木管、尼龍管等，前者最多用，小型浚渫船即用後者。排泥管分為水上管與固定管，前者承載於兩個浮筒 (Floater) 上，接縫以橡膠、球狀等接合管連接。

為防止土沙之溢流計，在棄土場四周應築成水池，其周圍水堤不可太高（約 2 m 以下），上堤寬在 1.5 m 以下，坡度不過 15%，需要時可用麻袋、草袋等覆蓋坡面作護坡。在排泥距離長、棄土高較高時，一座抽水機不足排沙，即應採用升壓機 (Booster)，以加壓輸送排出之土沙，以達經濟效益，但費用較昂貴，除非大規模者不宜用之。升壓機可設置於抽水浚渫船內或陸地上，多設於陸地較方便，其馬力大小應與浚渫船馬力相同，或稍小（但應加調節機以適應排沙距離）。

利用浚渫船時應在作業可能範圍內運轉，因為管內流速在排泥距離長時，會降低且土沙沉澱。又距離低於標準太多即流速太快，含泥率降低，效率不佳，甚至馬力增大而超過負荷，於此應及時加以校正或調節運作。

第三節　護岸、護床、丁壩

護岸 (Revetment)、水制、護床固可單獨施工，但多用其組合者以收宏效。大致可分為①護坡工程、②護腳工程、③護底工程、④水制工程、⑤護床工程等種類。

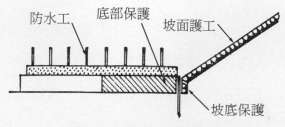

防水工　　底部保護　　坡面護工

坡底保護

圖 5-1　護岸一般構造圖

一、護坡工程：

河川兩岸堤防坡面之防護工程有下列各種施工方式。

　1.砌石：

　　(1)塊石之砌積：厚約 35 cm，5～40 mm ∅ 沙填實。

　　(2)卵石之砌積：以水泥沙膠填縫。

　2.混凝土灌築：厚約 10～20 cm，墊以 5～40 mm 砂層。

　3.混凝土塊之張貼：厚約 12 cm，可加 6 mm ∅ 鋼筋。

　4.混凝土框之灌築，每 1.5～1.8 m 間隔。

　5.樹枝護坡。

　6.蛇籠護坡：60～45 cm ∅，長 3～6 m，竹籠或鐵絲籠。

　7.混凝土及瀝青混合物之張貼。

二、護腳工程：

坡面下緣與河床接觸處之防護工程也。因易受沖刷及淤積，並支持上部重量，地位甚重要。一般多延伸護坡工程至護腳部分。護腳工程有下列諸種：

1.釘樁工程：如圖 5-2。

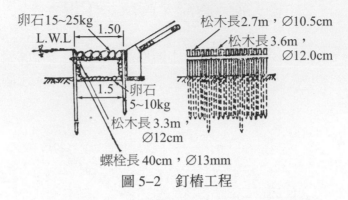

圖 5-2　釘樁工程

2.欄柵工程：外面打樁，岸上用木板或混凝土板如下圖 5-3。

木板柵工程　　　　　　　　混凝土板柵工程

圖 5-3　欄柵工程

3.板樁工程：如圖 5-4，5-5，5-6。

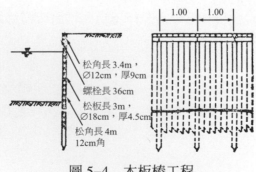

圖 5-4　木板樁工程

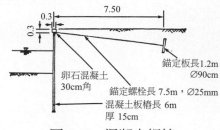

圖 5-5 混凝土板樁

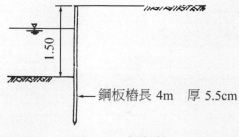

圖 5-6 鋼板樁

三、護床工程（護底工程）(Foot protection)

係河流之河床防護工程也。多用下列諸種：

1. 梢 (Fascine)：以樹枝、稻草、蘆葦、高梁秸等所編製者。
2. 梢龍 (Fascine Whip)：係較長之梢，用於較重大工程。
3. 沉梢 (Sunken fascine)：用於水下之梢。
4. 梢褥 (Fascine Mattress)：亦稱柴排，以繩索連成一蓆狀之梢也。
5. 沉褥 (Sunken Mattress)：係多層之梢褥也。
6. 沉輥 (Fascine Roll)：係長度不限之沉梢也。
7. 埽工：梢加沙石編製龐大物體者。
8. 蛇籠 (Stone sausage)：鋼線或竹片織填塊、卵石者。
9. 混凝土塊工：多用十字形塊。
10. 拋石工：可用菱形塊或其他天然大塊石。
11. 打樁工。

下圖 5-7 係沉梢，圖 5-8 係改良之沉梢，圖 5-9 係混凝土塊，圖 5-10 係錯開之打樁工。

四、丁垻（**Spur Dike** 或 **Groin**）

與岸線（水流方向）直交方向，深入岸內之建築物，每組建造若干個，以改善河道者。

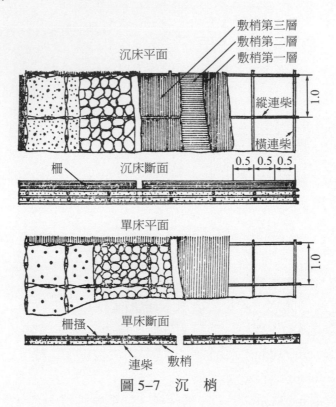

圖 5-7　沉　梢

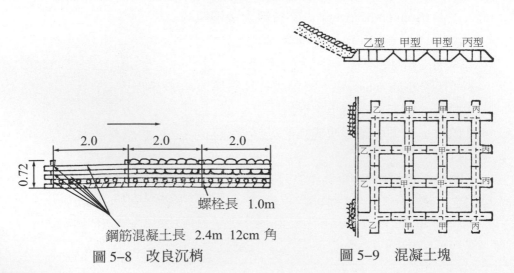

圖 5-8　改良沉梢　　　　　圖 5-9　混凝土塊

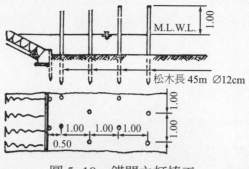

圖 5-10　錯開之打樁工

1.釘樁工程：

⑴出頭樁丁堰：下面設梢褥等。如圖 5-11。

⑵樁上丁堰：如圖 5-12。

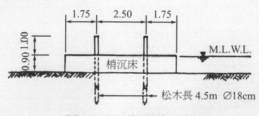

圖 5-11　出頭樁丁堰

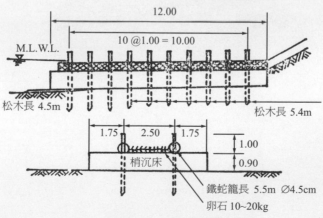

圖 5-12　樁上丁堰

2.檑槎 (Tetrahedron)，木製、竹製或混凝土製之四面體稱竹籠。中間填充砂石籠梢。圖 5–13 為改良之中型檑槎，圖 5–14 為大型者、圖 5–15 係人字形混凝土檑槎。

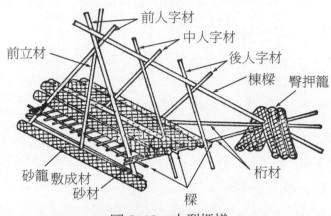

前人字材
中人字材
前立材
後人字材
棟樑
臀押籠
砂籠 敷成材
砂材
桁材
樑

圖 5–13　中型檑槎

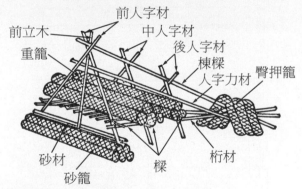

前人字材
前立木
中人字材
重籠
後人字材
棟樑
人字力材
臀押籠
砂材
桁材
砂籠
樑

圖 5–14　大型檑槎

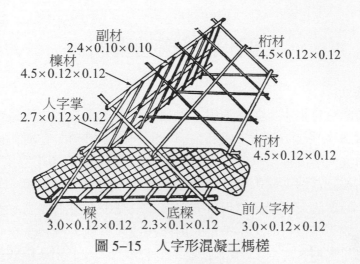

副材
2.4×0.10×0.10

桁材
4.5×0.12×0.12

檁材
4.5×0.12×0.12

人字掌
2.7×0.12×0.12

桁材
4.5×0.12×0.12

樑
3.0×0.12×0.12

底樑
2.3×0.1×0.12

前人字材
3.0×0.12×0.12

圖 5-15　人字形混凝土橋槎

3.混凝土塊工：以混凝土作成三交叉狀者，參考下圖 5-16。

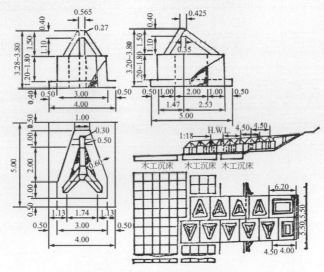

圖 5-16　混凝土塊工

第四節　特殊結構物

一、堰 (Wier)

　　為取灌溉、自來水、發電等用水以及內河航運提升水位而截留河水，或為防止河口鹽害所作防潮用，或計畫的分開河流為目的，在河川橫剖面上所造結構物稱之。由於控制水位，調整流量等設有活動可開閉之水門者曰活動堰，否則稱為固定堰。堰軀體多用混凝土製造，並向河床打樁，下游部分作緩和斜坡，有時設反向曲線 (O-gee curve)，以減少水流之沖刷。混凝土多係巨大體積，故可將粗骨料之小石，改用卵石或大石塊，接縫處務必注意其施工，以避免漏水。下圖 5–17 係活動堰，上設步行（車）道，中間留有小孔，裝設水閘。圖 5–18 係固定堰。

　　活動堰中之水閘 (Gate) 有上下升降者、有轉動者、有自動起伏者、有迴轉者。後者俗稱 Tainter Gate，較常用。

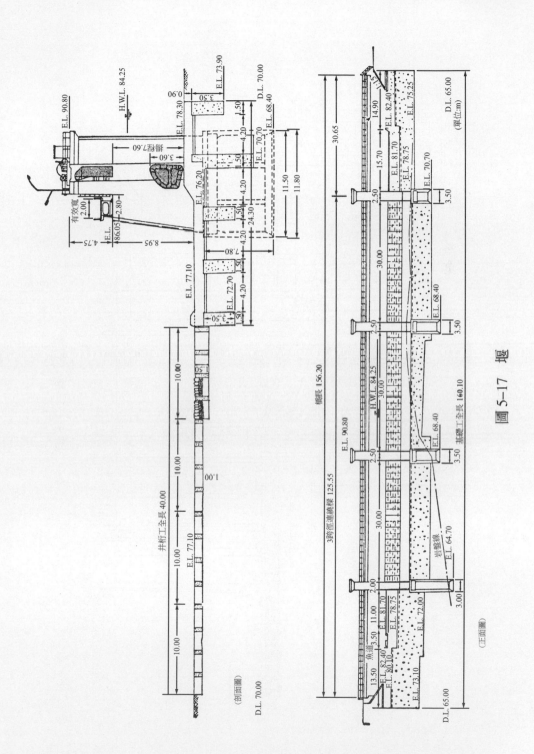

圖 5-17 堰

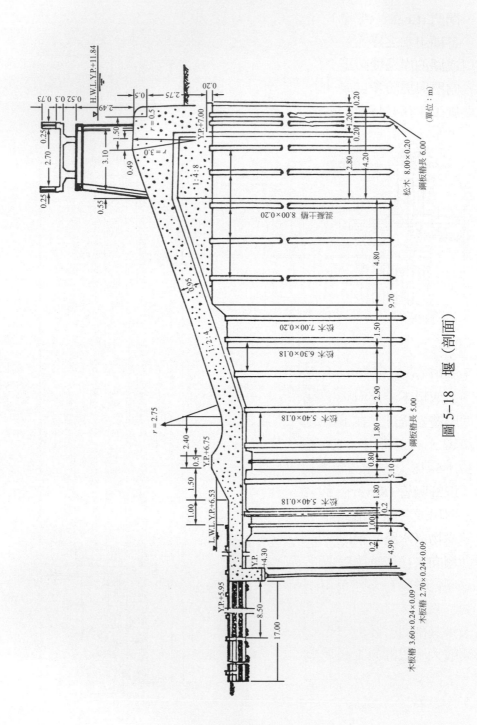

圖 5-18　堰（剖面）

二、閘門 (Lock)（船閘）

各種用水之導入、內積水之排洩、航運，或河川本流之防止倒流計，在河川或湖泊岸邊堤防正交方向所設置結構物，多用鋼筋混凝土製造，並有門扉。閘門與堤防多自成一體共同抵抗洪水，惟由於接縫亦成缺陷，因此在設計與施工中務必特別慎重。

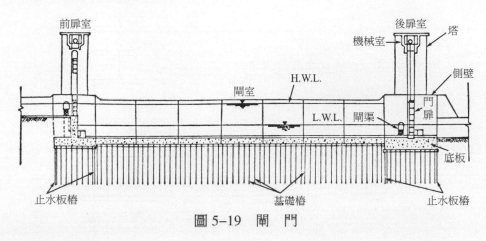

圖 5-19　閘　門

三、護坦 (Apron)

在堰埧下流之河床，因容易遭受水流之沖刷，故為防止護床破壞，保護堰壩軀體安全計，在下游設護坦。護坦必須能夠減少流勢，多用混凝土塊或梢褥等，亦可拼用。護坦務必連續至堰埧流下之水勢不再沖刷處為止。圖 5-17，5-18 之左側凸起處與延長部分，即為護坦也。

四、倒虹吸管 (Reverse Syphoon)

河川或各種水路與其他河川（或水路）交叉時，埋設於河床下而橫跨過之結構物（水路）稱之。倒虹吸管必須注意其施工方法，不均勻沉陷，河床變動趨向，往後養護管理而妥為設計之。

倒虹吸管有下圖 5-20 之三種。其中(a)河川管理上最佳(b)損失水頭最小(c)倒虹吸管本身管理好，但河川管理上不佳，不常用。三者多用鋼筋混凝土暗渠，其剖面有圓形、正方形、長方形等，由於長度較長，縱向應力與地震影響較大，設計施工必須小心為之。其埋設深度大約在河床底二公尺以上為宜。

圖5-21係倒虹吸管一例，右側為上游，左側為下游，管底應作好灌漿。

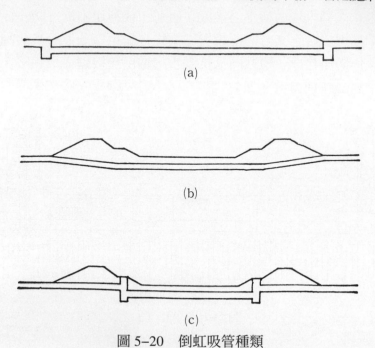

(a)

(b)

(c)

圖5-20　倒虹吸管種類

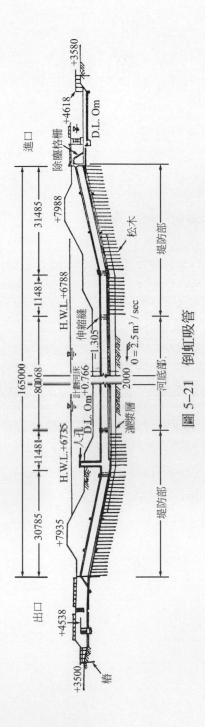

圖 5-21　倒虹吸管

習　題

1.何謂浚渫？浚渫船有哪些種類？試加說明。

2.河川護岸工程有哪些種類？試略述之。

3.何謂堰？閘門？試詳述其功用。

4.何謂倒虹吸管？有哪些種類？

5.試解釋下列各項：
　(1)丁垻　(2)蛇籠　(3)橋槎　(4)護坦

第六章
海岸及港灣工程

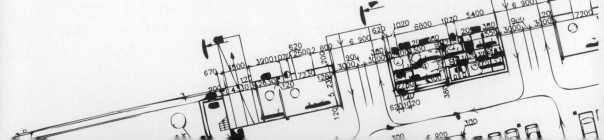

第一節 概 述

海岸工程及港灣工程多在深水（海）中進行，或由深水中撈起其土沙，填築岸邊新生地（日海埔新生地），或在岸邊及海（水）中築造各種結構物，如防波堤、海岸堤防、碼頭等，一方面為保護海岸線之安全，一方面促進港灣（海岸）使用效益及港內安寧。

第二節 浚渫與海埔新生地

為建設港灣工程及堤岸工程，將淺灘海岸加以浚渫加深，以疏通航路，築造停泊處，並將浚渫海中土沙在岸邊構築新生地以增加土地之利用。臺灣地區之臺中港新建工程即其典型，將外港浚渫加深，作停泊碼頭，開闢航道，另在腹地將浚渫沙土，移植築造海埔新生地，作工業區等。又如高雄港第二港口建設亦將港內疏渫加深航道，而闢成第二港口，並將浚渫土沙填築內陸，作工業區，貨櫃轉運中心。

一、浚 渫

海岸及港灣工程之浚渫與一般土木工程之浚渫不同。後者係為構築結構物，而前者係疏通加深。因此浚渫機械不同，應妥為選擇。首先應進行土壤試驗，可採用小型之實際浚渫，以明瞭其黏性程度、風化、龜裂、構成成分等。又可採用噴射式試驗 (Jet-Boring) 及標準貫入試驗。抽水式及抓斗式浚渫船適於軟泥及普通土沙之浚渫，戽斗式浚渫船適於普通土沙及硬土甚至碎岩之浚渫，鏟斗式浚渫船適於硬土盤之浚渫。

浚渫方式有三種：

　1.土砂浚渫：直接由浚渫船來挖掘者，單價較廉。

　2.碎岩浚渫：採用重錘式又衝擊式碎岩船來打碎岩石之浚渫方式。

　3.爆破浚渫：採用炸藥炸碎岩石之浚渫方式。

浚渫船之浚渫作業，除鏟斗式浚渫船外，在各種浚渫船左右作好錨定（以穩定船身）或逐漸移動而進行浚渫。在浚渫中之錨定，捲揚機、鋼索影響作業能力很大。尤其採用戽斗式浚渫船時之中心錨定與夾板層，或中心鋼索（或鋼鏈）更應特別小心。

至於硬土盤或岩石之浚渫如下：

1.碎岩浚渫：

碎岩浚渫船有重錘式與衝擊式兩種。前者具有 15～25 公噸之重錘於船體中央或船首，由其墜落而打碎海底岩盤，對硬土盤亦可適用，惟凹凸不平處不宜。後者係將碎岩機在水中進行作業而打碎岩石（由鋼繩索吊下碎岩機，對船身衝擊很少），對碎石效果不及重錘式者。

2.爆破浚渫：

採用炸藥之碎岩工法有穿孔式與表面裝置式兩種。適於岩盤，硬土盤即效果不佳。

穿孔水中爆破工法係利用穿孔船或鑿岩錘 （或稱衝擊式鑽孔機）(Jack-Hammer) 穿孔後再裝上炸藥者。因穿孔需時，裝藥要潛水作業，故效率不佳。

表面裝置爆破工法係由潛水夫在岩盤表面裝置炸藥而爆破者。雖比穿孔工法多用藥量 （似乎不經濟），但不必特殊設施，裝藥時間不多，故效率較高，且單價低於穿孔式。

浚渫船進行浚渫作業時必須有附屬船隻方能施工。

1.處理浚渫土沙之附屬船：如曳引船（拖船）、自動運土船、非自動運土船。

2.浚渫船轉錨之附屬船：大型者有大型捲揚機之曳引船或起重船。小型者有小型起重船或雙叉船。

二、新生地

所謂海埔新生地之築造有兩種。一為由浚渫航路或停泊地所得沙土來築造者，一為僅為築造新生地而自海底浚渫土沙以填築之兩種。前者由於工程規模大小及土質之不同，採用各種浚渫船，後者多用抽水式浚渫船。不管如何，由於採挖海底土沙，海愈深，大船容易進港，且可增加陸地，故浚渫與新生地係一石二鳥之有經濟效益工程，如高雄第二港口、臺中港，均因此增加甚多海埔新生地，所獲得地價甚多。尤其近來出現高馬力如 7000 HP 之大型抽水船 （多為柴油式），發揮高效率。（最大浚渫深 27 m，最大輸送距離 7 km，最大排輸量 2100 m^3/hr）。

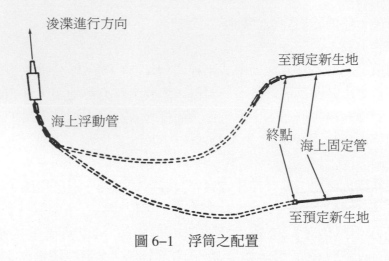

圖 6-1　浮筒之配置

由浚渫後輸送海底土沙至填築新生地中間過程，除採各種運土船外，可採排砂管。在海上時在排砂管下面布設浮筒 (Float)，使排砂管固定於浮筒上而輸送土沙至填築地。參照上圖 6-1 為浮筒之配置圖，圖 6-2 係其裝置法。倘海深較淺者可用支撐鷹架，或垂直方向，或傾斜方向，以支持排砂管。參照下圖 6-3 至 6-5。

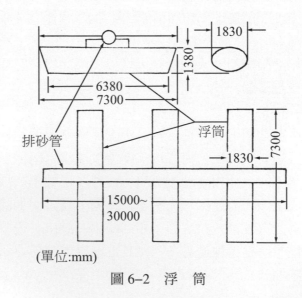

(單位:mm)

圖 6-2　浮　筒

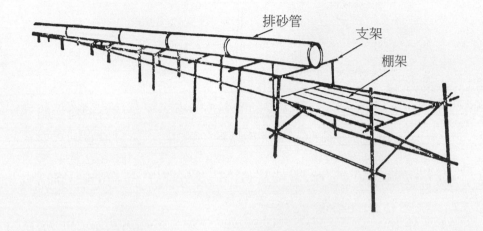

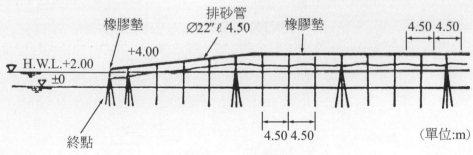

圖 6-3　支撐鷹架

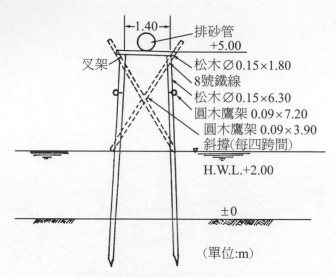

圖 6-4　支撐鷹架（剖面）

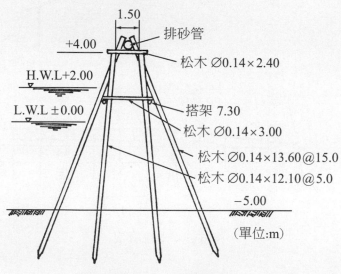

圖 6-5　支撐鷹架

　　在排砂管（路）至填築新生地時恐怕其倒流，應設立新生地用簡易反倒流水門於水路上，作木樁基礎。利用手動捲揚機 (Hand Winch) 來控制其倒流。試參照下圖 6-6。

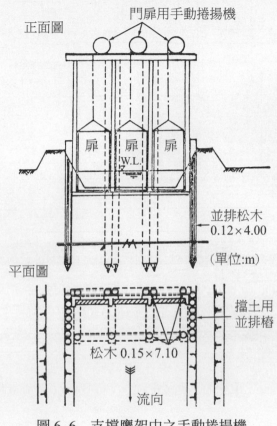

正面圖

門扉用手動捲揚機

扉　扉　扉

W.L.

並排松木
0.12×4.00

（單位:m）

平面圖

擋土用
並排樁

松木 0.15×7.10

流向

圖 6-6　支撐鷹架中之手動捲揚機

　　填築新生地時其四周首先要作臨時護岸，以免沙土之流失。臨時護岸多以木格柵，背面以繫條連結木樁固定之。參照下圖 6-7。

　　築造海埔新生地時宜注意下列諸項：

　　1.排砂（運砂）距離太長者，應另設中繼之抽水船（在中間）或陸地中繼抽水機。中繼抽水機位置，應在吸入一面尚殘留 1 kg/cm^2 以上壓力處。

　　2.填築用土沙包括淤泥或黏土等細粒而排洩不良時，應注入適當之界面活性劑。惟此種活性劑可能係專利，宜留意之。

　　3.填築新生地之施工順序，應由外輪護岸背後開始，逐漸向洩水道方向進行之。

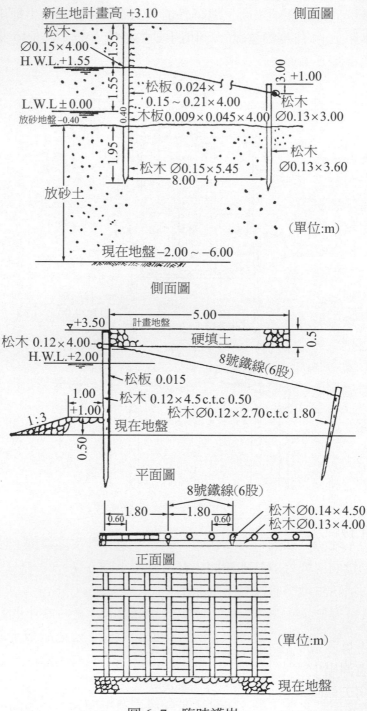

新生地計畫高 +3.10　　　　　　　　　　　側面圖

松木
Ø0.15×4.00
H.W.L.+1.55
　　　　　　松板 0.024×
　　　　　　0.15～0.21×4.00
L.W.L±0.00
放砂地盤 -0.40　　木板 0.009×0.045×4.00

+1.00
松木
Ø0.13×3.00

松木 Ø0.15×5.45　　　　松木
8.00　　　　　　　　　Ø0.13×3.60

放砂土

（單位:m）

現在地盤 -2.00～-6.00

側面圖

+3.50
計畫地盤　　　　5.00
硬填土
0.5
松木 0.12×4.00
H.W.L.+2.00
8號鐵線(6股)
松板 0.015
1.00
松木 0.12×4.5 c.t.c 0.50
+1.00
松木 Ø0.12×2.70 c.t.c 1.80
1:3
現在地盤
0.50

平面圖

8號鐵線(6股)
松木 Ø0.14×4.50
松木 Ø0.13×4.00
0.60　1.80　1.80　0.60

正面圖

（單位:m）

現在地盤

圖 6-7　臨時護岸

4.輸進土沙時，應注意是否有設計以上之土壓作用？宜充分留意。

5.輸進土沙時可能有滑出護岸及護岸之崩潰，應特別注意其透水。

6.為避免洩水道機能之下降，要充分確保其安定。

第三節　港灣工程之基礎工程

一、海床挖掘工程

碼頭與海底接觸部分之工程也。其施工大致可參照上述浚渫，在施工計畫時宜注意下列諸項：

1.決定斜面坡度

2.多餘挖掘量

3.選擇使用之浚渫船

4.決定附屬之作業船隻

5.選擇棄土場（也許是填築為海埔新生地）

海床挖掘工程之工期進行順序如下：

施工計畫→準備工作（包括燃料補給、工地事務所、作業船之回航、挖掘區標識設施、向主管機關報備、棄土場之標示、發電設備、排砂管之布設等）→浚渫〈（不填築新生地者）→
（填築新生地者）→

→土沙之裝載→土沙運搬→棄　　土┐
　　　　　　　　　　　　　　　　├→再回浚渫，或
→土沙之排送（運輸）→填築新生地┘

　　　　　　　　　　┌確認海床挖掘區域
→竣工檢驗（測深）→〈確認計畫水深
　　　　　　　　　　└確認計畫斜面坡度

海床挖掘工程中應注意事項如下

1.浚渫船位置：是否在正確位置，移轉錨定後勿發生浪費或施工困難。

2.運土船裝載量：每次裝載多少？填報運轉日報表，確認每日之浚渫量。

3.海上排砂管：應不影響船隻航行之下布設之，否則布設海底管。注意勿由接縫處漏出土沙。

4.惡劣天候時之迴避：事先決定颱風或強風時之避難場地並在適當時期發布警報。

　　5.墜落海中物品及海中撈獲物：如對航行有妨礙物品掉落時應立刻除卻或豎立標識警告，或採取必要之其他措施。如撈取物品時應向主管機關報告。

　　6.確認海水位：有潮汐變化者必要知曉作業中時之海水位，其海水位精確度取十公分單位就可以。

　　7.水深：應按計畫深度挖掘之，不必作分段挖掘或多餘挖掘，減少浪費，遵守施工工期。

　　8.確認土質：注意是否與當初推定土質相同（不可有太差），如太差而影響作業效率或工程費時，應連絡負責人，聽從其指示。

　　9.斜面坡度：是否按計畫坡度挖掘？並檢討計畫是否適當。

　　10.棄土之監工：是否棄土於指定場地，並注意在運輸途中有沒有漏洩。

二、置換工程

　　港灣工程之置換工程有二種：

　　一為使結構物能接觸於安定之地盤上，而在海底作海床挖掘，並回填塊石者。另一為改良軟弱海底地盤計，大量挖掘海床，而回填良好沙土者。一般指後者較多。港灣置換工程之施工過程大致如下：

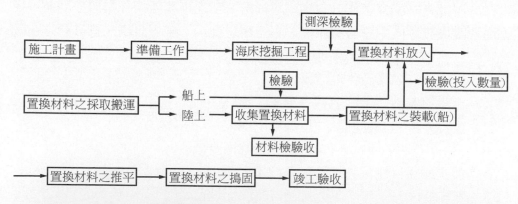

　　置換工程之施工計畫應包括：置換數量之計算、材料產地之選擇、採取及運搬方法、集積地之選定、置換材料之投放方法、搗實方法、投放順序過程等。

　　置換工程在施工上應注意下列諸項：

　　1.置換材料之採取，注意其品質，淤泥黏土含量。盡量靠近抽水船附近海底採取，確定每日採取量。

　　2.搬運與投放：運搬船隻每次裝載數量，作運轉日報表，確定每日投放

量，檢討投放數量之是否妥當，明示投放區域以確保效果。水深較深者用套管或潛水夫投放，如較弱地盤處宜預估將來之沉陷量而作適當投放。

　　3.搗實：可採用自然（長期）壓實，或在表面上以重量塊石壓實，如有沉陷時宜再補投放，搗實後是否與計畫相同（可用測深檢查之）？

三、拋石基礎

　　在海底拋放塊石、大卵石等以鞏固海底或港灣結構物基礎者稱之。其施工順序大致如下：

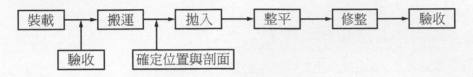

　　今將拋石基礎之施工要點略述於後：

　　1.拋石之驗收：拋石之材質形狀大小，比重誤差勿超過 5%，形狀大小要符合設計者占 70～80%，數量可用滿載吃水量或以容積來驗收之，惟前者應注意剩留於船艙內餘水。

　　2.搬運：近距離者可放在甲板上曳航，遠距離者可用裝載機帆船搬運。大量者宜用可張開船底之船隻。

　　3.確定位置與剖面：宜事先瞭解原來地盤狀況，剷除海草等雜物，決定拋石中心線（與陸地關係應標明），甚至打樁或豎立竹桿等決定其位置。長帶者（尤其離開陸地較遠時）宜在適當位置豎立臨時塔架，並設測點，拋石高度應由海底算起（可打樁表明），並注意防波堤坡面拋石。為防範災害計，妥為設置夜間照明或標識。

　　4.拋石之投放：良好地盤可直接拋投，否則改用砂、礫之置換基礎或沉褥等，避免直接投放。投放時應在坡面裡面，且小石投於內面、大石在外面，不可混合亂投，在深水處、亂流處，潮流急速處必須留意其拋放位置，並由一端逐漸完成之，同時注意拋石數量之增減情況。

　　5.整平與修整：造形不易如設計，時常加以測量整平整修。沉箱、防波堤等基礎應做多餘填石（多 70 cm 左右向兩側，如係其他結構物者 30 cm 左右就可），易沉陷地盤者須加載重量，且做多餘填石。

　　6.完工後之驗收：沉箱上寬之相差在 ±5 cm，其他約 ±2 cm，一般寬度相差在 ±10 cm，延長線在 ±50 cm，坡面在 ±20 cm 範圍內為合格。

四、打樁基礎

與陸上基礎工程相似，在港灣工程亦作水中之基礎工程。一般基礎在水中不易進行施工，而打樁工程即比較容易，施工方式亦與陸上相似。

港灣之打樁基礎工程之施工順序大略如下：

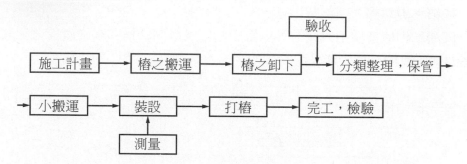

打樁基礎施工前應編製良好之施工計畫，其內容包括下列各項

1.打樁時之地盤高程：由於不同因素，選擇以現有地盤直接打樁，或加以挖掘後再打樁。其因素有①該地土質，②現在地盤高程和傾斜度，③打樁機效率，因打樁船之規模大小（及吃水深）④其他作業，⑤樁之支承力。

2.打樁之順序：影響要素有樁之密集度和排土量、樁之搬入路線、打樁船移動量、結構物施工順序等。

靠岸者一般由陸地先打，然向海邊方向進行施工，否則由中間先打，然後向四周打樁。進行方向應取一排打好後才打第二排以收效率。如需打橫向者不必俟一排打完後再移至橫向，而採用進行某一寬後即移至前排，以每一區域方式完成較有效。

3.打樁設備：打樁機應依其長處來選擇：

⑴落錘 (Drop Hammer)：適於短木樁打在不甚硬之地盤（樁數少時），但大規模工程或支承力大者不宜。

⑵蒸氣錘（Steam Hammer 或 Air Hammer）：適於大規模工程，對不甚硬之地盤最佳，長樁亦佳。

⑶柴油錘 (Diesel Hammer) 硬地層最適宜，大規模工程廣範圍打樁適用。長樁亦可，不適於軟弱地盤。

⑷震動錘 (Vibro-Hammer)：適於比較軟地盤。

打樁之錘重約樁重之兩三倍為宜，對木樁即一半重量，預鑄混凝土樁即

同重為宜。落差小者採用細長較重錘，落差大者採用粗大較輕錘為宜。

　　4.運樁道路與堆積場之選擇：由於搬運方法，選擇適當之道路或臨時道路，每天用樁量適用之堆積場需要平坦堅固，且不影響小運搬。

　　5.動力：使用電力或各種油料，尤其夜間照明電力必須妥為準備。

　　6.樁之尖端部、頭部及接縫。

　　港灣基礎樁多採用鋼管樁、混凝土樁、H鋼樁等，其詳細情形，參照下圖6-8，H鋼樁、鋼管樁之尖端圖及圖6-9 H鋼樁、鋼管樁之頭部圖。

　　鋼管樁　（H鋼樁）　之接縫多採用蓋板(Gusset plate)再用焊接之工地接縫，詳見鋼結構，此處不再贅述。

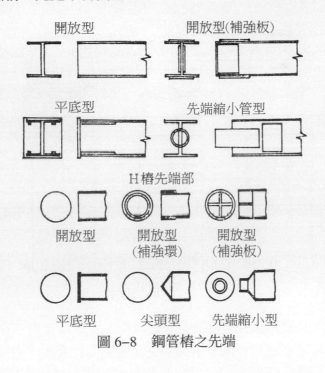

圖6-8　鋼管樁之先端

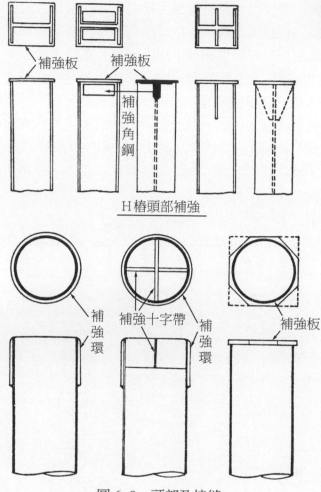

H樁頭部補強

圖6-9　頭部及接縫

　　港灣工程之基礎樁搬運,在陸上採用貨車、拖車及火車,樁長自 12 m 至 20 m,選擇時需考慮通行時間、道路、站車轉運等之限制。在海上者採用船舶及水上曳航,樁長可至 24 m,選擇時要考慮船隻上煙囪甲板等限制。在處理搬運中之基礎樁時務必留意⒜樁本身並不包裝,故不可有尖端、頭部、表面之碰損及塗裝之脫落、表面之震損。⒝不可直放於地面,宜墊以枕木等。⒞H 鋼或工字鋼接頭處易損。⒟用起重機吊搬時,宜用雙點吊搬以免彎曲。裝卸基礎樁時亦應留意碰傷或變形。

第四節 箱塊工程

製造港灣工程、海岸工程或其他基礎工程中之沉箱，必須首先在海邊（或港灣某一部分） 建造沉箱碼頭 (Caisson Yard)，在此沉箱碼頭內製造各種沉箱。此建造沉箱碼頭之工程日箱塊工程。

一、箱塊之製作

1.箱臺：由於沉箱碼頭進水設備之不同，可分為不同型式

⑴船塢型 (Lock)

①乾塢（閘）(Drylock)：以 15 cm～20 cm 一邊之角材，間隔約一公尺，上面張貼 2 cm～3 cm 原木板作為箱臺，上面用油毛氈作為絕緣（與混凝土）。有時省略箱臺，直接以混凝土板上放油毛氈而作業亦可。

②浮塢型 (Floatinglock)：如下圖 6-10，用木樁作柱腳，上面鋪以工字鋼或木材作成箱臺者。L 型浮閘係鋸齒狀，在箱臺上完成沉箱後在柱腳空隙間插入而上浮，箱臺將沉箱承載下一起後退至船塢池塘 (Lock-pool) 而下沉。但要注意沉箱上浮後，箱臺亦跟著上浮，必須加適量重量以防範之。箱臺裝載能量有 1800 t (37 m × 15 m) 以上者，L 型浮塢之上浮能量甚至有 2200 t 以上者。

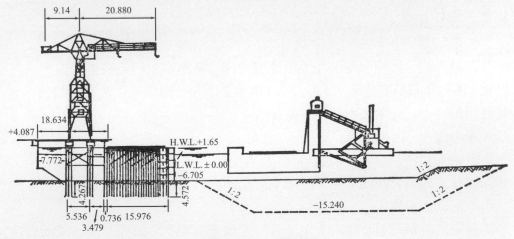

圖 6-10 L 型浮塢

⑵斜道

①在橫向者：在斜路兩側設閘塢，完成沉箱後以千斤頂上升，再移至斜道，然用千斤頂裝載於浸水臺車，再依捲揚機等逐漸使其浸水。作為箱臺並沒有特別之結構物，只用混凝土基礎上敷設油毛氈來製造之。導出溝與千斤頂溝應依木板覆蓋。下圖 6–11 係斜道之一般圖。

②非在橫向者：斜道上浸水臺兼有箱臺作用。首先以沉沙坑 (Sand Box) 支承浸水臺，當沉箱完成後拔出沉沙坑之栓，降下浸水臺到滑船道 (Slip) 上，並防範浸水臺不致滑出下浸水。圖 6–12 係其一例。

2.模板

模板有木造與金屬造兩種，木造模板僅能使用十次左右，近來在造箱碼頭所用者多係鋼鐵模板。鋼鐵模板雖因沉箱大小而異，大致可在地面上組成 3 m×3 m 至 4 cm×4 cm 之塊狀，用起重機吊裝，並採用剝離劑等塗料以及防鏽劑等以增加工作效率與使用率。

3.鋼筋加工及排筋組立

沉箱牆壁及中間隔牆依混凝土拌合廠能力分三至五個段落，自下緣向上施灌混凝土，因此豎向鋼筋依橫向鋼筋必須程度內豎紮，以便混凝土之灌築而逐漸向上排筋。沉箱底板之橫向鋼筋下，應以混凝土塊或水泥沙膠塊墊上，俾調整其必要保護層。牆壁編排雙重鋼筋者應以 9 mm 至 16 mm 直徑間隔鋼筋在每一平方公尺排一根，保持牆壁厚度。倘採用滑動模板時務必注意編排鋼筋之脫落或錯誤。

4.灌築混凝土

沉箱每天之灌築混凝土能力由混凝土拌合廠而定。但箱底板必須一天內打完，牆壁即每日要灌築 1.5 m 至 2.5 m 高之程度。灌築多以混凝土泵施工，時有用吊斗 (Skip) 承裝而以吊車搬移者。

二、箱塊浸水

沉箱在造箱碼頭 (Caisson Yard) 製造後，在碼頭內灌水，使沉箱上浮，俾以搬移、洩航至施放地點。此灌水於碼頭內曰箱塊浸水或進水。

1.混凝土養護

最短之沉箱養護時間為七至十日，盡量勿拆較長之模板支撐。夏天宜避免陽光直曬而作被覆，冬天宜避免風襲而覆蓋。倘用滑動模板者宜用蒸氣養護（在冬天）。

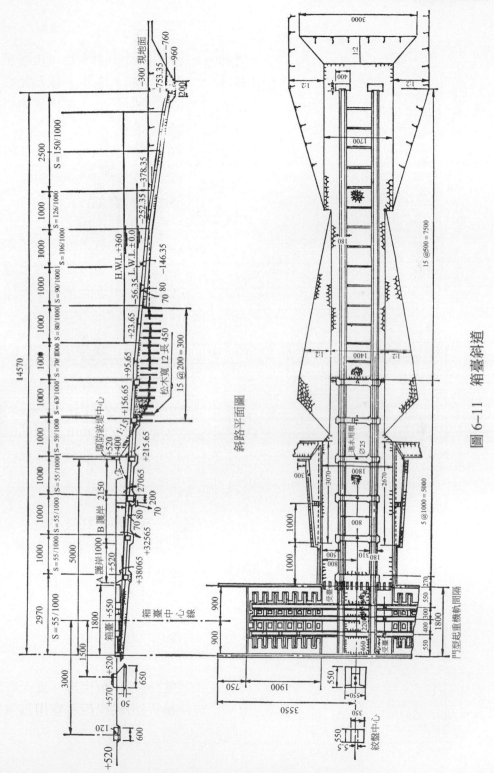

圖6-11 箱臺斜道

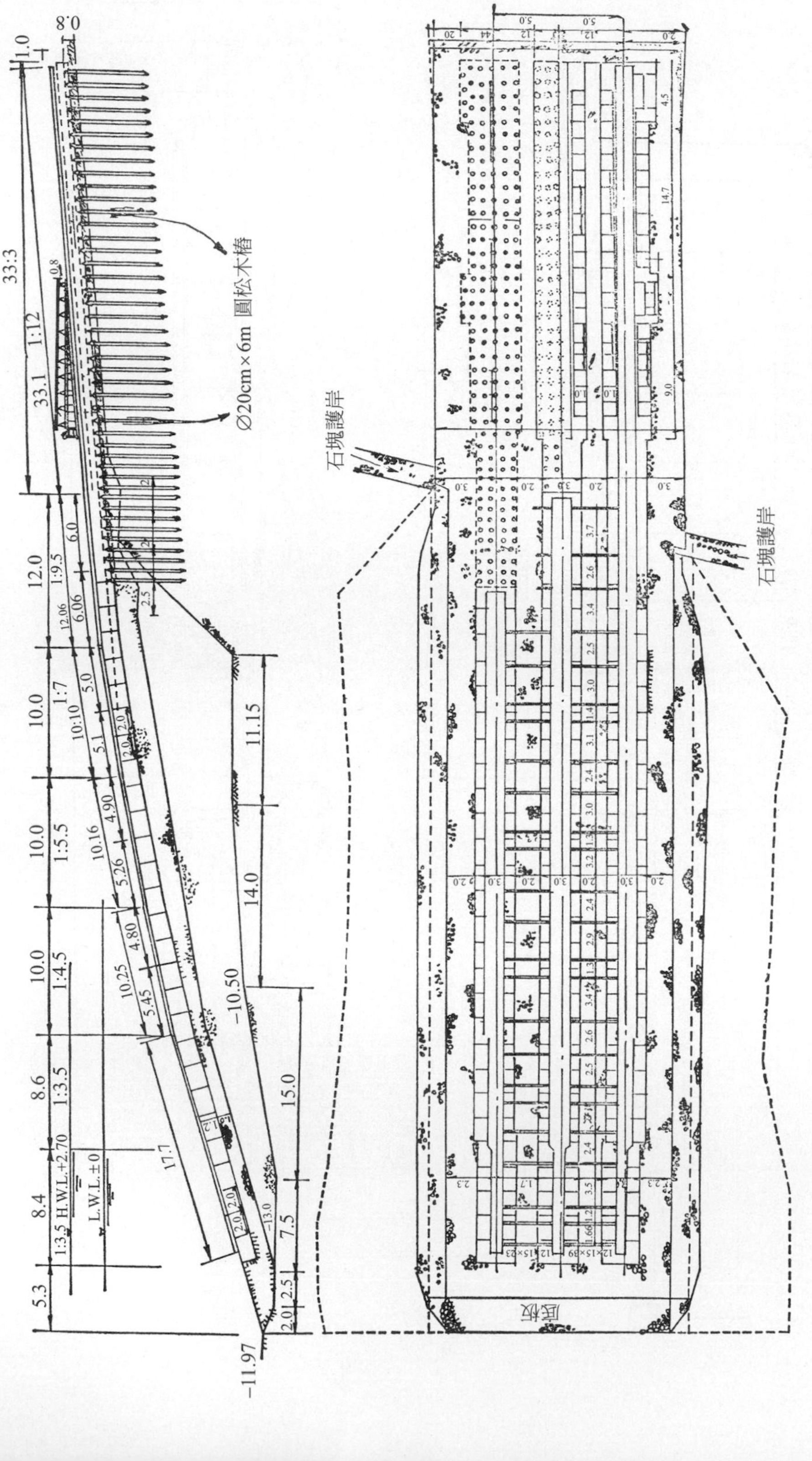

圖 6–12 箱臺斜道

2.浸（進）水方法

⑴船塢

塢塢時閘門多由人工開閉，電力抽水機抽海水進水，用潛水夫（或船）補助之

浮塢時與上述一、 1.箱臺相同。注水裝備一般用倒螺漿式瓣者，而排水裝備即用離心抽水機，均可達 21 m³/min 進水量。

⑵斜道

橫向者與上述一、 1.箱臺相同。惟自船塢將沉箱拖至斜道時在箱底板以 25 mm ∅ 之環圈由鋼繩、捲揚機拉到斜道裝上進水臺車。臺車上有 38 mm ∅ 鋼繩並加控制裝備，並由高馬力之捲揚機徐徐地進水，其速度每分鐘約 5 至 7 m。

沒有橫向者在進水臺上完成沉箱後在三條斜道軌條上塗潤滑劑，並打開沉沙坑栓，至下降約三公分，進水臺即下降在斜道上。然關閉沉沙坑栓，檢查斜道與進水臺，再打開沉沙坑栓，其次同時打開左右之板柄 (Trigger) 爪片使海水進入，進水速度每秒約一公尺。

三、箱塊之曳航

1.拖船：

沉箱用拖船以港灣用拖船（50 至 70 t，200～300 HP 柴油發動機），大型沉箱之遠距拖行者用 80 t，800 HP 之拖船，並均附無線電話。

2.曳船方式：有三種

(1)用 20～30 mm ∅ 鋼繩圍繞沉箱四周，以 40～90 mm ∅ 鋼索拖行者：
如下圖 6–13，用於大型沉箱。

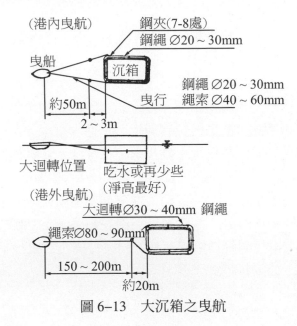

圖 6–13　大沉箱之曳航

(2)套著曳航環者：用 20～30 mm ∅ 鋼繩 （內海） 或另加 40～60 mm ∅
鋼索，在沉箱前套上鋼環而拖行，如下圖 6–14。

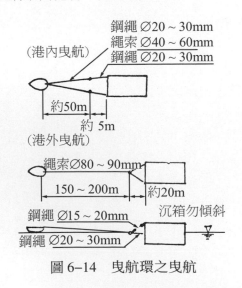

圖 6–14　曳航環之曳航

(3)用起重船吊起而拖行者，如下圖6–15。

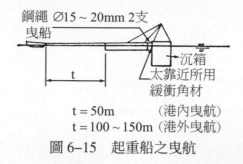

圖6–15　起重船之曳航

3.曳航速度：

曳航不可太快，以策安全。大致在內港以每小時1.5至3公里，外港以每小時3至6公里為限。

四、箱塊之裝設

1.測定位置

在測量三角架塔或既成沉箱上裝置經緯儀測定位置後，以鉛測錘移至海中並由潛水夫打樁定位。在外測（留多餘幾公分）放置引導塊或大方塊（混凝土塊）或再加緩衝用角材於上面。如有拋石基礎者可利用整平時放在引導塊。

2.裝設方法

(1)利用起重船裝設，如圖6–16。

(2)利用平臺船裝設，如圖6–17。

(3)利用上兩種合併者，如圖6–18。

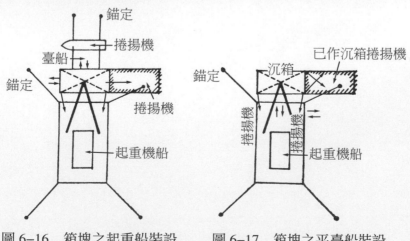

圖6–16　箱塊之起重船裝設　　圖6–17　箱塊之平臺船裝設

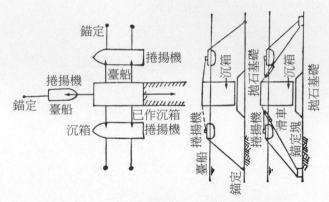

圖 6–18　箱塊之起重船平臺船合併裝設

3.灌水（注水）

　　沉箱裝好位置後注入海水使其下陷至海底。注水之方式有二。一為用數根膠管之抽水機（效率為 100～300 t/hr）抽灌海水，應平均地灌入沉箱各隔間（各隔間下面應預留 10 cm ∅ 連絡孔）。另一為利用倒虹吸管，膠管管徑為 10 cm 至 15 cm，先以小馬力抽水機起動，抽水後抽水機僅作為平衡用。每隔間應有一膠管以維注水之平衡。

4.箱內填充

　　沉箱內填充料多用沙，以海上運沙船搬運並以小型抓式斗投入，如能陸上搬運者可用卡車搬運。特殊設計之沉箱需用大比重之填充料者，應用混凝土、預壘混凝土、礫石等填充之。用運沙船時多用 100 m³ 者，並應由沉箱兩側平均投入為宜。

第五節　方塊工程

以混凝土製造單一塊者稱為方塊 (Block)，應用於港灣與海岸結構物之主構材補強保護。方塊由於使用上目的可分為下列諸種：

　1. 方形方塊：適於防波堤、護岸、護腳（底）。

　2. L 形方塊：適於各種港灣海岸結構物。

　3. 格孔方塊 (Cellular Block)。

　4. 異形方塊：有 J 型、菱形塊（四腳塊）(Tetrapod)、六腳塊、中空三角塊、中空方塊 (Hollow square) 等。請參照下圖 6–19。多用鋼筋混凝土製造，多在 3 t 至 20 t 左右。

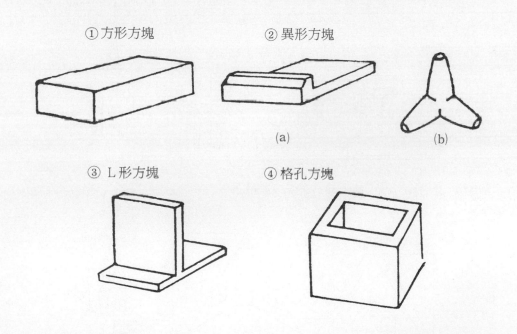

① 方形方塊　　　　② 異形方塊

(a)　　　　(b)

③ L 形方塊　　　　④ 格孔方塊

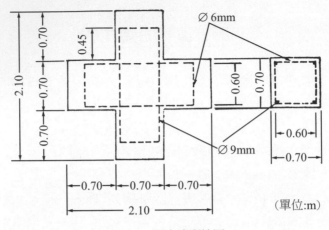

0.70×0.70 形方塊配筋圖

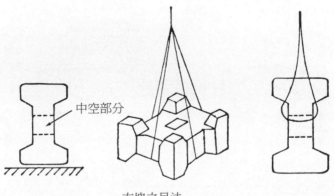

方塊之吊法

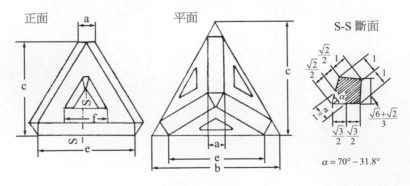

中空三角塊

圖 6-19　各種方塊

方塊均在陸上工廠預鑄（多用鋼鐵模殼），然後以起重船、平臺船、拖船等之組合船隊來搬運。一船隊多由一隻起重船配上數隻平臺船與拖船，由於搬運距離、海象條件之不同及起重船作業能力妥為考慮以組成適當之船隊方可。裝設方塊時只要有起重船與潛水船就可作業，但因海上情況與方塊裝設位置，有時必須借助於平臺船、拖船。大體上潛水夫之工作能力最有影響方塊之裝設。

方塊搬運及裝設之作業船隻起重船需要 20～50 t 之起吊力，平臺船需要能裝載 50 t，拖船需要 20～30 t 重量方可進行施工。

方塊土除消波用外，盡量排列密集（空隙愈少愈佳）。

第六節　板　樁

海岸，港灣工程大多需要作圍堰、擋土等，故需要各種板樁作為其支撐，因情況特殊，所以多採用鋼板樁。

一、搬運保管

陸上搬運可用鐵路貨車、貨櫃拖車、卡車。海上搬運可用船舶或駁船。前者鋼板樁長限於 20 m，12 m 以下。後者長度限於 24 m，20 m 以下，同時陸上搬運受時間之限度應加考慮，且受障礙物阻礙，並應向主管機關報備。

裝卸鋼板樁不可損傷之，卸貨後之小搬運或堆積可應用簡易之桅桿或捲揚機來吊移。採用吊車、叉架起貨機 (Forklift) 等更有效，且必須作雙點吊移，並在鋼板樁一端繃以細繩俾控制板樁之搖擺，其有接縫處更需小心，集中於堆集場後應加以驗收，檢查有否損害。在堆集場分類墊高以保存完好之板樁（長期者需加塗裝）。自堆集場至工地之小搬運，在陸上多用卡車。在海上者使用搬運船。

二、板樁之豎立與打樁

板樁施工順序如次：

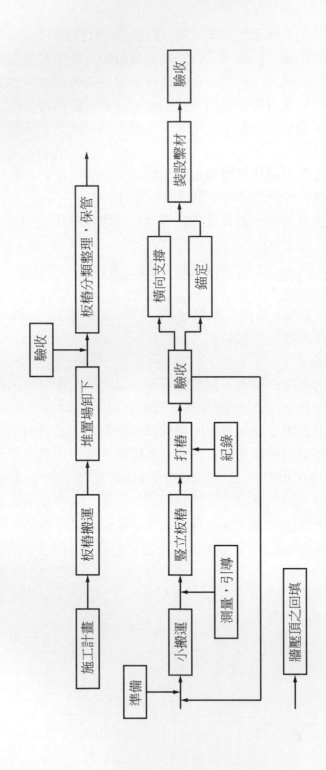

　　打樁前為使板樁能夠正確地打入計設有導材，在陸上可省略，但海（水）上必須。除導材外亦併用導樁。如用構架分隔間 (Cell) 者改用導模。

　　打樁機械在陸上者用高架，並作鋼板樁線上敷設軌條以便高架之移動即效率較高。在海上者先作適當之支架後豎高架，或用打樁船。在海上打樁勿用墜落打樁機以策安全。

　　最初之板樁之豎立與打樁必須正確，如在海中者當樁下端達海底時應由潛水夫來矯正其位置與方向，打樁時應防範打樁船之搖擺，作錨定並加浮標，惟不可妨礙其他船隻之航行。一般可仿照基礎工程中之打樁方法。板樁頭部應有適當保護而作樁帽。

　　鋼板樁有急烈坡度者應採用楔形板樁，以防板樁間之脫節，參照下圖 6–20。倘內法線有急轉彎之屈折時應採用隅角板樁。隅角板樁增加打樁之困難，且工程費亦貴，普通之樁帽亦不能適用，參照下圖 6–21。

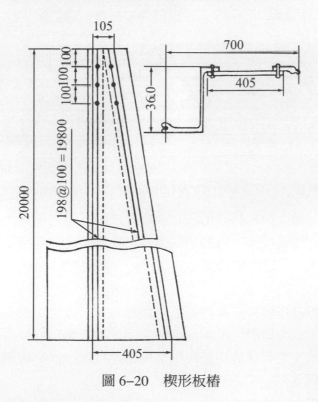

圖 6–20　楔形板樁

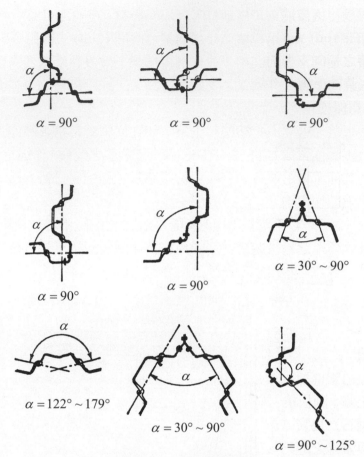

$\alpha = 90°$

$\alpha = 90°$

$\alpha = 90°$

$\alpha = 90°$

$\alpha = 90°$

$\alpha = 30° \sim 90°$

$\alpha = 122° \sim 179°$

$\alpha = 30° \sim 90°$

$\alpha = 90° \sim 125°$

圖 6–21　隅角鋼板樁

　　鋼板樁由於搬運與打樁設備而有長度之限制，但在工地上不夠長時應作接縫以增長，曰繼續板樁。打樁中樁本身可能傾斜，防範之法有①用雙式樁帽一次打二支樁，②以捲揚機反方向調整，③樁端削斜 (45°)，④以楔形板樁輔助等。

　　在軟弱地盤打板樁時，鄰接板樁可能被拖累，改善之法有①接縫處擦油減少磨擦力，②以捲揚機固定鄰接板樁，③鄰接板樁稍打高些，容後再將多出部分切除，④上三者無效時應拔出至規定高度或以同型板樁焊接以補足。

三、板樁之橫向支撐

　　鋼板樁之橫向支撐愈低愈佳，但避免在水中，一般在稍高於低水位，在退潮時施工。在板樁之正面背面均可，並調整板樁之中心位置。橫向支撐鋼

接縫處應焊接，支撐鋼之長度約為繫條 (Tie rod) 之四至六倍為宜。

四、繫條 (Tie rod)（亦稱拉條）

鋼板樁之橫向支撐連結繫條（桿）以便錨定於背後副牆。繫條不可生鏽損傷，加些黃油保護之，並以保護箱來保存（運搬），如改用皺紋管更佳。下圖 6-22 上為保護箱，下為繫條。

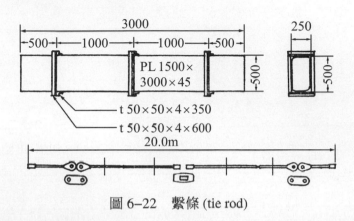

圖 6-22　繫條 (tie rod)

五、副　牆

副牆係由繫條連結鋼板樁之橫向支撐，以控制板樁之安定者。有 I、L、⊥等混凝土牆、副板樁、副樁，前者最常用。首先挖掘其基礎面（也許可免）排卵石（拋石）搗實，最後施工作混凝土副牆，完成後應好好地回填搗實四周並注意與繫條之連結。

板樁多用鋼板樁，繫條亦鋼料，並在土中甚至水中，故務必注意其生鏽腐蝕問題。除製造過程中注意品質外，施工前再油漆防蝕塗料，或作通電之防蝕防鏽作業。

第七節　上部工程

港灣及海岸工程之結構物多建造於海水域，不能如陸地工程一般，自基礎至整個工程一連串施工完畢，而先做基礎工程、本體工程，然後才做上部結構。所謂上部結構（工程）多指高於海水面之工程，諸如防波堤、護岸、碼頭岸牆等。上部工程除發揮其本身工程之效果外，並可掩護下面本體工程之缺陷（如變歪），增加工程之美觀。因此上部工程必須符合工程結構物特

性，其施工方法多用場打（鑄）混凝土（普通混凝土或預壘混凝土），其模板有各式各樣。

上部工程應特別注意其先前之基礎與本體工程竣工後之結構物沉陷。譬如採用各種方塊保護之岸牆回填及土壤之回填均產生相當沉陷，故上部工程之鋪裝，盡量延後施工，或採用塊狀以便日後之修補。上部工程亦受海象條件所限，如波浪、潮汐等，因此施工計畫之工期宜詳細檢討其可能作業之工作天、每次之混凝土灌築量、等候時間、中心拌合廠之遠近等妥為計畫，以符實際。尤其臺灣地區常受颱風之影響，吾人不得不特別小心計畫施工。

第八節　海岸結構物

所謂海岸結構物係指平時及臨時，由於颱風、季節強風、海嘯等引起高潮或波浪侵襲堤（岸）內地區，因此為防範而所建造之高潮海嘯防範設施，為防範海岸侵蝕等之侵蝕防範設施等之保安海岸之結構物也。諸如海岸堤防、護岸、高潮海嘯防波堤、水門、閘門、突堤、離岸堤等均是，且多以兩種以上組成以策海岸之安全。

計畫高潮海嘯之防範設施時，必須先調查腹地地形、以往災害情況、將來海岸線及腹地之利用情況、預定防護地域，以最經濟、最有效益下決定其法線。然後依海岸地形、地質、氣象（含海象）、腹地之利用情況、對鄰近海岸之影響、使用工程材料等，再決定結構物位置、種類、型式。結構物規模雖然可按高潮、波浪、海嘯等外力情況及頻度來決定，但務必由腹地經濟效益及民生之安全來作最後之決定方為上策。

至於計畫對侵蝕防範設施時，首先要調查侵蝕之原因。亦即查明土沙之移動方向、堆積位置、移動水深、移動量、潮流及沿岸水流之外力等等，再對腹地利用狀況、侵蝕進度、鄰接海岸線之影響、結構物之壽命加以考慮，然後決定設施位置、型式、施工方法。原則上海岸線無法退縮時應先築造護岸、堤防，或再築造突堤及離岸堤。如果工程費有著落，施工亦可能者，同時進行人工養護，其效果極佳。

對高潮及海嘯防範設施包括：
　1.護岸：在既設新生地或填築處背面之保護設施。
　2.海岸堤防：在堤內低窪地或海埔新生地四周之保護設施。

3.水門、閘門：平時或臨時使船舶能通航之設施。

4.防潮門：排洩堤內積水之設施。

5.高潮海嘯防波堤：限制海水流入，打消高潮、海嘯尖峰之防波堤。

對侵蝕防範設施有：

1.護岸、海岸堤防：防止海岸侵蝕、損傷之設施。

2.離岸堤：在海底幾乎平行海岸線方向所設防止土沙移動之設施。

3.突堤：約垂直於海岸線方向，防止海岸侵蝕、保養海岸堤防之設施。

4.人工養護：以人工補充土沙以緩和海岸之侵蝕者。

一、護岸及海岸堤防

所謂護岸係覆蓋現有地盤，所謂海岸堤防係在現有地盤上加以填土或灌築混凝土以增高，兩者均為防範高潮或大浪侵入之設施也。由於斷面形狀及結構材料而分類之，但依前面坡度可分為三大類。

1.豎立型：對反射波有收斂，用於接岸設施，對大浪有效，需要堅固結構與地盤。用板樁施工快、費用低。

2.傾斜型：防風上較佳，可做海水浴場，適於軟弱地盤與緊急防護，工費低，但階級式者貴。

3.混合型：上述之混合者，優劣均有，較有效。

護岸及海岸堤防之法線，原則上沿著海岸線設置，以防止高潮，大浪之侵入而侵蝕、損傷。施工計畫時宜注意下列各項：①附近有結構物時，新設者勿成其累贅。②不影響鄰接地域，③盡量作成流線型，④考慮地形、地質、潮流、波浪，選最容易之施工法，⑤考慮水門、閘門、排水，不影響將來可能產生情況，⑥養護方便，在地居民亦方便利用，⑦主要為防蝕者對其進度及結構物壽命，腹地利用情況應特別留意。

護岸及堤防高度應相等於設計潮位波浪衝擊高或回溯高及多餘高，加沉陷量之和。波浪之衝擊高或回溯高與設計前面波特性、海岸地形、結構物剖面形狀、設置位置有關，大約為波浪高之一至兩倍半。（由於豎立、傾斜或混合型之不同，略有不同，詳見海岸、港灣工程設計）請參照下圖 6–23。

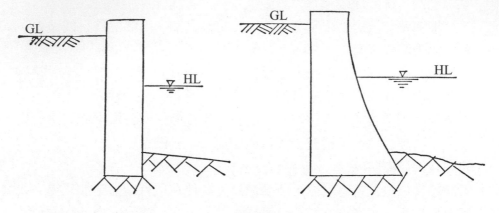

1.　豎立型

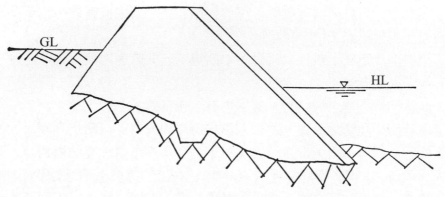

2.　傾斜型

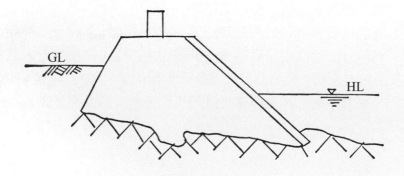

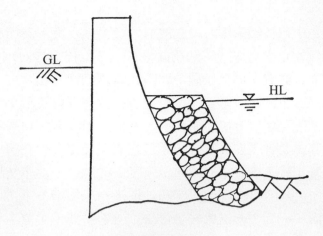

3.　混合型

圖 6-23　各種護岸

護岸及海岸堤防之胸牆應與堤體構成一體以發揮護岸或堤防之效能。增加護岸或堤防高度，不如以胸牆來防範波浪之回溯較有經濟效益，故多用於所有護岸或堤防裡。由於實驗，胸牆曲面形狀之曲率半徑約為胸牆高度之三倍以上，上面作水平面，斜角 θ 約 60°～70° 為最佳。實際上盡量標準化以減少工程費為宜。一般常用剖面其上端垂直部分均為 20 cm，$\theta = 60°$，全高 2 m 時前面坡度自 1:3，1:2.5，1:1.5，1:1.0，1:0.5，1:0.3 時，其曲率半徑 R 為 1.5 m，1.5 m，1.5 m，1.5 m，2 m，2 m 其弧長為 1.96 m，1.96 m，1.96 m，1.96 m，1.88 m，1.88 m。全高 1.5 m 時（坡度同前）曲率半徑 R 為 1.0 m，1.0 m，1.0 m，1.0 m，1.5 m，1.5 m，弧高均為 1.47 m。參照下圖 6-24。

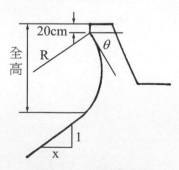

圖 6-24　胸牆剖面

二、突 堤

自海岸線突出以控制影響海岸之波浪力及沿岸水流，調節海岸底質橫方向移動，以形成安定之海岸（防蝕及擴張）之工程曰突堤 (Jetty)。由剖面形狀亦可分為豎立、傾斜、混合三種，如由底質移動最有影響堤身之滲透性而分，即有滲透式與不滲透式兩種，多用前者，因有反射波較小、沿流波小、少有洗刷堤身基礎、影響鄰接海岸較小等優點。但亦有因構造不同堤身材料易散、沒有相當滲透性者喪失其效用、沙石級配而提高粗石費用等缺點。

突堤之設置用一長大者不如改用相當長與間隔之一群小突堤，在沿岸流上流與下流處用較小長度與間隔，緩和地與海岸相接續為上策。突堤根部應接於護岸或堤防，如在天然海岸者應接續至不致有惡劣天氣下之大波浪影響之處。突堤先端由以安定海岸形狀，遮斷沿岸水流之程度而決定其長度，一般為退潮線至碎波線間隔之 40% 至 60%。兩突堤間之間隔約長度之兩三倍為度，方向在原則上略垂直於退潮線，在波向恆定處，可稍向下流傾斜較有效。突堤高度在陸地方向不超過波高，在中間與海底坡度略平行，在先端部平行於海底坡面，其結構以能透過漂沙量而定之。其施工應自下流向上流逐漸進行之。

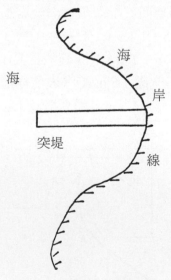

圖 6–25　突堤（平面圖）

三、離岸堤

多與突堤、護岸、堤防併用以防範侵蝕。離岸堤與海岸線大致平行放置以減弱碎波力與沿岸水流，調節漂沙向外海之移動及潮線方向之移動。與突堤相同可分為豎立、斜傾、混合三種及滲透、不滲透兩式。又可分為潛堤與露出堤，其滲透性與突堤略同，如用潛堤者有較少影響鄰接海岸、堤身作用波力小、構造簡單、費用低、基礎洗刷與反射波小等之優點。其缺點為不適潮差較大處（易洗刷），不能完全防止波力與漂沙。

離岸堤位置由波浪特性、沿岸流、漂沙移向及數量、海底坡度、地質、鄰接海岸而異，可依①考慮碎波高，回折波高，②避免惡劣天候下之碎波線，③考慮洗刷、鄰接海岸之影響，作最小限度之水深宜接近退潮線（工費低）等而決定其位置。離岸堤高度在防範侵入波及減少波力時與防波堤相同，其防止侵蝕者應能在退潮線附近堆積土沙之波形坡度來決定高度。

四、人工養護

天然海岸對自然波浪能量之滅殺及分散最有效。天然海岸由於移動漂沙之平衡而保持安平或平衡狀態，因此設置結構物時不能只針對該位置，而務必對海岸線全部加以檢討方可。新增結構物必影響原來海岸，故應以人工補充海岸土沙，利用天然力，造成接近天然狀態之海岸，或改良之，以維持原來海岸。

施工方法有連續補充之連續給沙法、間歇性之蓄留沙法、全區間一次之直接置沙法，以及在前面海中投入並利用波力之海中投沙法等多種。選擇時依剩餘土沙搬運方法而決定之。

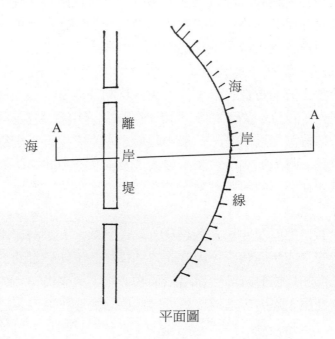

平面圖

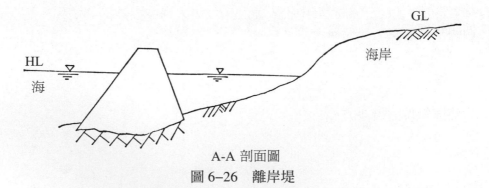

A-A 剖面圖

圖 6–26　離岸堤

習 題

1.海岸港灣工程之浚渫與河川之浚渫有何不同？試詳述並加以比較之。

2.何謂新生地？試略述其築造方式。

3.試詳述築造海埔新生地時應注意事項。

4.試略述海床挖掘工程中應注意事項。

5.何謂箱塊工程？試詳述其內容。

6.試簡述箱塊之裝設方法。

7.試簡述方塊之種類及用途。

8.海岸、港灣工程多用鋼板樁，試簡述其用途及施工法。

9.何謂上部工程？它應特別注意哪些事項？

10.試述海岸結構物包括哪些？

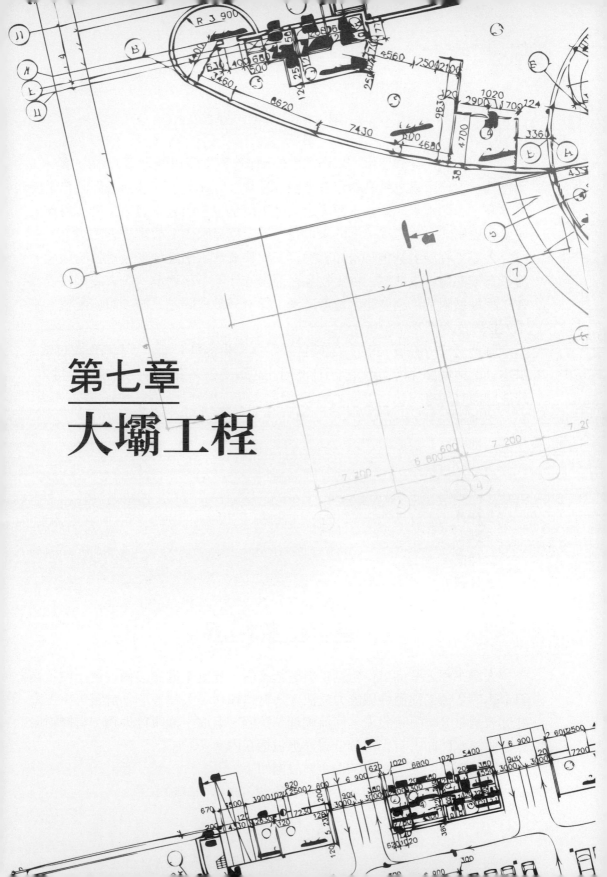

第七章
大壩工程

第一節 概 述

在河川或山谷截留水流以增高水位,作為蓄水庫以便灌溉、防洪、給水、發電等多目標用途之結構物稱為大壩(或壩)(Dam),如臺灣地區著名之曾文水庫、石門水庫、德基水庫等之大壩工程是也。因分工愈來愈細,目前大壩工程應屬於水利工程,惟向來均在土木工程範圍內,故本書亦略述之。

大壩工程施工計畫時首先應調查工程涉及地域內之地形、地質、雨量、流量等天然條件及地價、地上物等之補償條件等不可遺漏。調查範圍不僅僅在工程地域附近,應廣範圍地考慮到工程材料輸送問題、施工設施配置、施工方法、工程費之估計等。

壩址之河川流量、雨量、臨時排水路之形式容量、一年之平均作業日數、洪水期間與頻度等均影響施工時間。因此必須充分調查以決定適當施工計畫,俾能圓滑且經濟的執行工程之施工。總之大壩工程施工前必須調查事項如下:

1. 地形。
2. 地質。
3. 水文資料。
4. 測量。
5. 輸運。
6. 動力。
7. 補償。
8. 骨料。

第二節 基本工程

大壩工程之準備工作包括骨料製造設備,混凝土灌築設備,鏟土機,傾斜卡車等各種工程用機械能力之決定、材料輸送、人員等詳細計畫等。工程進度表通常分為臨時設備、河流處理、挖掘、混凝土灌築等大類,有時附屬之溢洪道水門亦占有相當分量者亦應包括在內。

最常用之混凝土大壩工程主要設施如下:

1. 業主方面:建築物:辦公室、宿舍、倉庫、試驗室等。

　　工程用道路。

　　挖掘設備（機械）：鑿孔車、鏟土機、推土機等。

　　排水設備：幫浦類。

　　基礎處理設備：鑿孔及灌漿。

　　混凝土拌合設備：骨材、拌合廠、水泥等。

　　混凝土搬運設備：搬運線、吊車等。

　　冷卻設備。

　　動力設備。

2.承造業方面：建築物：事務所、宿舍、庫倉等。

　　勞工住宿。

　　修繕（修車）工廠，組合工廠。

　　給水、給氣設備。

　　木工廠。

　　鋼鐵（加工）工廠。

　　材料庫（場）。

　　工程用道路。

第三節　河況、河流處置

　　大壩工程必須在河流或山谷中間截遮其流水，故如何處理河流，何時進行，影響其經濟效益極大。

　　要知曉壩址洪水特性必須有長時間之水文資料，包括水位流量年表、水位流量圖、洪水紀錄等等。如無洪水紀錄者可由降水量及逕水特性加以推算，或由鄰近流域資料推算之。由上述資料方能決定臨時排水路大小。

　　河流處置中最重要者為當洪水時對大壩有多少損害一項，否則無法定出工程費用，工程規模之標準。尤其在大壩下游有發電廠者，當洪水溢過大壩時對發電廠災害不可預料。如填實壩 (Rock-fill Dam) 時，其臨時排水路費用可能超越大壩本身，混凝土壩亦將占相當比例之工程費。

　　河流處理方法有二。一為臨時排水隧道，一為開渠。前者不妨礙大壩工程，但費用高。後者適於河流較寬者，但對大壩工程有妨礙。前者之施工係先以土沙作第一次截切河流，再以混凝土作第二次截切，完全截遮河流，使

(1) 河床砂礫較淺時之搗實

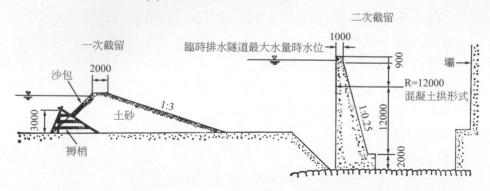

(2) 河床砂礫較深時之搗實

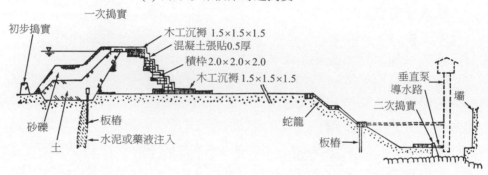

(3) 河床砂礫較深之搗實

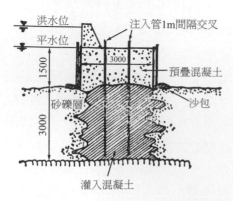

(4) 河床砂礫相當深之搗實

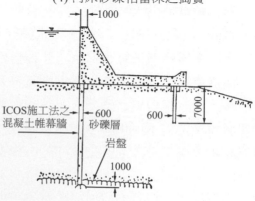

圖 7-1　臨時截留方法

河水流入臨時之排水隧道。在第一次土沙截切之上游應作簡便之攔水閘，並保護坡面，在砂礫較厚河床處之第二次截切不必用較高者就可以（如用 ICOS 工法更佳）。後者開渠首先在左（或右）岸開設明溝（水路）（依地形等而定），使河流改流入，而在另一岸進行大壩施工（但改壩內排水路），至大壩工程到一段落後，將明溝水路改向壩內排水路排水，而進行明溝開水路部分之大壩工程。

第四節　大壩之施工

大壩雖可分為很多種類，但一般最常用者不出混凝土壩與填實壩兩種。茲就此兩種加以敘述於後：

一、混凝土壩之施工

混凝土壩工程係在短時期中用大量混凝土 (Mass Concrete) 灌築製造。故混凝土壩之製造設備、冷卻設備、給水設備、動力設備等複雜多樣設備，應在工程拌合廠完全俱備。而首要者為混凝土製造設備，包括骨料採取、運搬、製造、水泥輸送、貯藏、混凝土拌合、灌築等等。工程用混合廠就好比一座生產工廠，其優劣將左右壩混凝土品質、工期、工程費用。因此計畫設計時務必考慮大壩規模，地形、地質、水文、氣象等天然條件，選擇最適宜者來施工，尤其地形及壩址影響最大應特別留心。下表係混凝土壩工程用之混凝土拌合步驟。

混凝土壩所用混凝土體積容量極龐大，俗稱巨量（或大體積）混凝土 (Mass Concrete)，除與一般混凝土施工相似（參照第三章混凝土工程）外，因體積較大，務必留意下面所敘述事項。

　　1.混凝土所用單位水量在容許範圍內，盡量少用。

　　2.盡量用少量水泥，以減少發熱量。

　　3.水泥沙膠用量亦在容許範圍內盡量少用，以減小混凝土之容積變化。

混凝土大壩因體積龐大，且在河（或山谷）兩岸中間，雖可依照一般混凝土施工方法外，採用索道起重機 (Cable-Crane) 設施及冷卻設施以敷實際施工情況。

索道起重機由形式可分為活動形之桅杆式起重機 (Jib Crane) 和固定形之桅式轉臂起重機 (Derrick Crane) 兩種。由行走方式可分為行走式、弧動式、

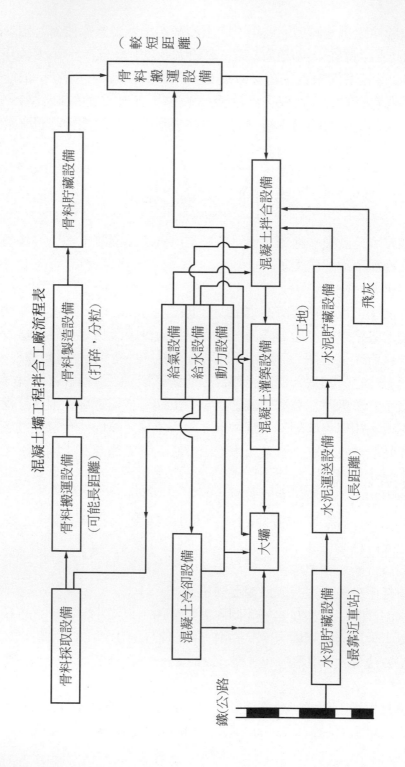

混凝土壩工程拌合工廠流程表

兩端固定式三種。其採用應依運送載重，速度能力等來選擇之。

　　圖 7-2 為兩端行走型之索道起重機之平面及剖面圖。

　　圖 7-3 為弧動型索道起重機之平面及剖面圖。

　　圖 7-4 為軌索式索道起重機之平面（可轉動）及剖面圖。

　　圖 7-5 係利用索道起重機灌築大壩混凝土時，在設施上應注意者。圖左設引擎塔（動力）(Engine Tower)，右設軌道塔 (Rail Tower)，有效範圍為跨間之四分之三，牽引繩索之坡度約為 2.5%（向下），混凝土搬運索道至牽引繩索間要維持跨間之二十分之一以上空間，混凝土搬運戽應離開大壩壩頂一公尺半以上淨空，以策安全與施工順利。

　　大壩混凝土灌築時需要保持相當之低溫，所以需要設置冷卻廠 (Cooling Plant)。其冷卻方法有冷卻混凝土之骨料以調整灌築混凝土之溫度之所謂預冷法 (Pre-cooling) 與灌築混凝土時，在混凝土中埋設管線，俾灌入冷水，消除混凝土之硬化熱以調整其溫度之所謂管冷法 (Pipe-cooling) 兩種。前者對水泥、粗細骨料，拌合水加以人工冷水或冷風之冷卻，有時亦用碎冰，因此需

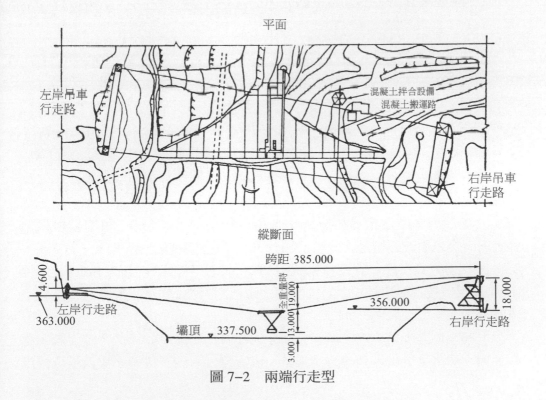

圖 7-2　兩端行走型

平面

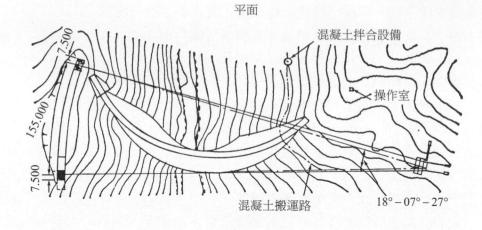

混凝土拌合設備

操作室

混凝土搬運路

18°−07°−27°

縱斷面

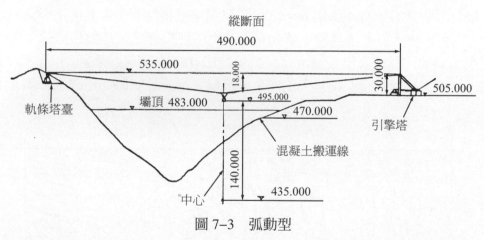

圖 7–3 弧動型

要各種噴灑室、通氣管道、送風製冰設施等，其中水泥多在生產廠加以冷卻。後者需要幫浦，壩外（內）管線、瓣、橡膠管、送水設備以及製造冷水之冷凍設施等。

　　大壩混凝土所用模板可分為小塊拼合模板 (Panel form) 和零星模板兩種，前者為木製或鋼製品（較多用），一般大小為高度 1.5 m～2 m，寬 3 m～8 m。 支撐方式有懸臂式及拉緊式兩種， 前者用絞螺栓 (Jack Bolt) 及螺栓 (Bolt) 固定，後者多用較短之豎向支撐加螺栓和頂撐 (Strut)，繫條 (Tie rod) 來支承模板。

　　混凝土壩雖少用鋼筋，但部分需要加強者仍用之。如橋墩、疏流牆、壩內通廊、昇降機坑、堤內臨時排水路、放流管、水門、接縫、溢洪道、洩洪

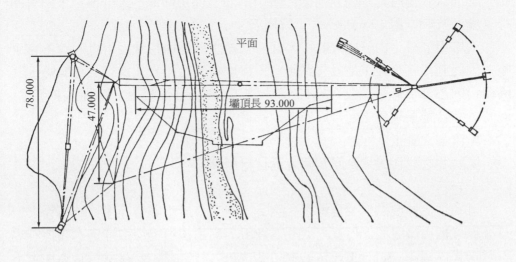

平面

78.000

47.000

壩頂長 93.000

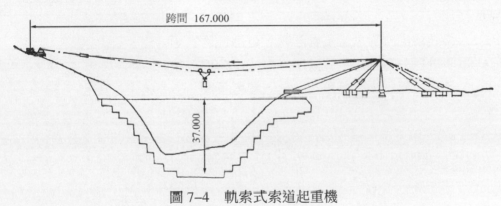

跨間 167.000

37.000

圖 7-4　軌索式索道起重機

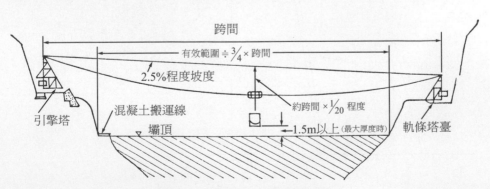

跨間

有效範圍 ÷ $\frac{3}{4}$ × 跨間

2.5%程度坡度

約跨間 × $\frac{1}{20}$ 程度

混凝土搬運線

壩頂

1.5m以上 (最大厚度時)

引擎塔

軌條塔臺

圖 7-5　索道起重機設施要點

孔、壩面（較薄時）等需要補強。所用鋼筋多係 16 mm～25 mm ∅，如有曲線（壩面）時方用 12 mm ∅ 之小號鋼筋。

　　大壩用混凝土由於龐大體積，且一旦產生破壞所招致災害之大，不言可喻。因此施工時應在工地設置試驗室，實地作配合設計並進行各種試驗，其終極目的不外乎骨料採取，骨料工廠之施工，不僅依混凝土工程觀點來處理，同時依綜合地最經濟之配合與施工、保養。

二、填實壩之施工

　　填實壩之材料大約為岩石與土質材料兩種。

　1.岩石：

可利用挖掘洩洪道、發電廠、臨時（施工）排水隧道等附屬結構物之岩石材料來抵用最經濟。但實際上多不夠用，應由採石場採取補足。在採石場用臺階式挖掘法 (Bench Excavation) 或坑道式爆破工法。 在採石時應注意下列：

　　⑴爆破前應刪除表土及腐蝕物，可溶性物質等

　　⑵多量採取時應用有效搬運方式（車種與數量）

　　⑶考慮必要之火藥種類與數量，參考下圖 7-6，並注意安全。

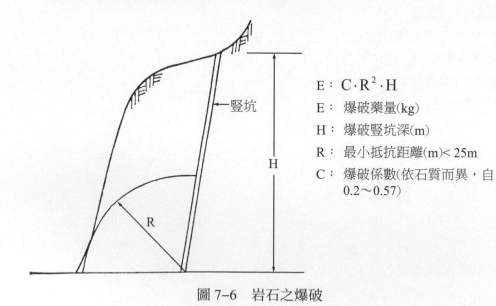

$$E：C \cdot R^2 \cdot H$$

E： 爆破藥量(kg)

H： 爆破豎坑深(m)

R： 最小抵抗距離(m)< 25m

C： 爆破係數(依石質而異，自 0.2～0.57)

圖 7-6　岩石之爆破

2.土質材料：

採取土質材料首先需刪除表土、拔樹根，多用鏟土機之臺階式挖掘工法進行之。黏土含水比較高（如濕度高時）者高填土施工相當困難，故宜與含水比低之土質相混合（兩種較佳），在力學上、物理性上、施工上都有良好效果。

填實壩材料之搬運影響工程經濟甚大，多用傾斜卡車。同時考慮搬運道路之寬、坡度、曲線半徑、鋪面與大壩之連接情況。用傾斜卡車時應斟酌搬運速度、寬度、彎曲、坡度，預估間關係，車輛振動引起機件故障、損耗、輪胎等關係，以控制（減低）操作經費、道路工程費、工程進度等。

填實壩基礎可不比混凝土壩那麼深（到達岩石），但其遮水牆下卻務必到達基礎岩盤，以防透水，其施工仍採用帷幕牆灌漿工法。壩身填土可以軌道搬運材料拋填之，但如採用傾斜卡車即效率較佳（富機動性）且亦經濟。

填實壩岩石之拋填高度依豎坑高，岩塊大小硬度、顆粒形狀，及拋填方法而異。愈高可利用其墜落能量增加搗實程度，但坡面坡度小於安息角時以後坡面整理較難。拋石時宜加壓力（噴水）洗刷岩石塊屑及砂土，增加岩石間組合，減少以後之沉陷量。噴水用噴水機頭 (Monitor)，壓力約 $5\sim7\,kg/m^2$，水量約岩石量之三、四倍大量水。中間層之填土應與遮水牆同高，最薄五十公分厚，用輥壓車搗實以保持最大密度。遮水牆用土質者應選用最佳含水量下材料來搗固（每層 15 cm 至 20 cm 厚，用各種填土用工程機械搗實之）在上游部分應張貼石塊以防波浪侵蝕，石塊宜大且堅固者，亦可用混凝土塊代替之。因日後下陷，切勿忽略了多餘填土，甚至上游坡面稍突出。

上述係內部遮水牆之填實壩（亦則土質遮水牆），請參考圖 7-7 之下圖土質遮水牆型填實壩。

至於表面遮水牆之填實壩（參照圖 7-7 之上圖）之岩石塊之填築與上述相同。惟因遮水牆在壩上下游之兩側，作業上較煩。中間層用較粗石塊砌積，厚度約三公尺至五公尺（同一厚度或底厚而頂薄），砌石接觸面宜大，孔隙用小石填充，其表面宜平滑俾便灌築混凝土（遮水牆）。表面遮水牆多用鋼筋混凝土以確保其水密性，且注意下沉與接縫。

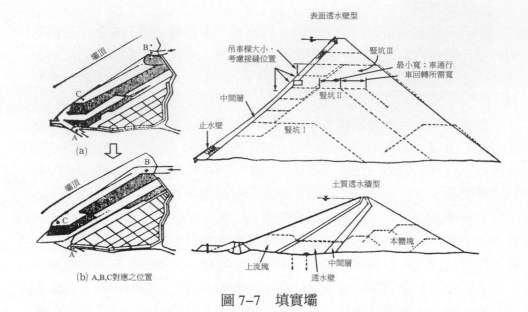

圖 7–7　填實壩

　　填實壩施工中最重要者為土質遮水牆。選用土質材料時務必注意下列各項：

①是否具備所需剪力強度。

②是否具備所需之耐透水性。

③收縮性小，具相當之塑性，當達水飽和時亦不致於軟化。

　　在壩身之填實及中間層填實時應注意材料之強度、粗細、排水、下沉。尤其避免日後之大沉陷，壩身填實時必須充分噴水洗刷並搗實。

習　題

1.何謂大壩？其基本工程包括哪些設施？

2.大壩工程中要截水，其處理方法有哪些？試詳述之。

3.混凝土壩施工中應注意哪些事項？其施工方法如何？

4.填實壩材料有哪些？其採取材料時應注意哪些？

5.混凝土大壩施工何以需要相當低溫？並試詳述其施工方法。

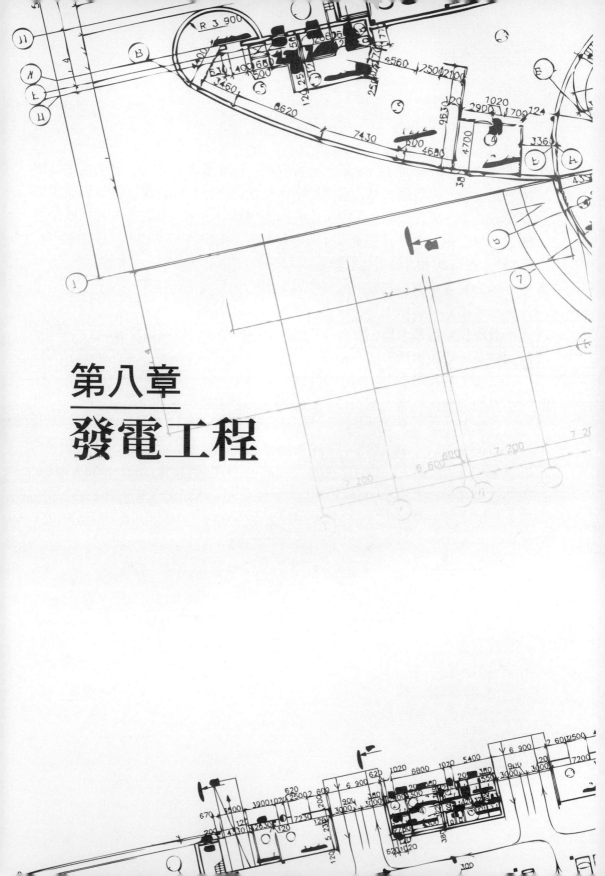

第八章
發電工程

第一節　概　述

發電工程目前有水力發電、火力發電、核能發電等多種，其中前者最經濟、最安全，但設備較多。臺灣地區正在進行之南投縣水里明湖抽蓄發電廠即屬於此種。火力發電採用煤炭或石油燃燒蒸氣發電，核能發電係用原子能燃燒蒸氣發電，兩者發電廠本身設施較複雜，但附屬設備較少（因不必引水進廠）。本章就水力發電加以詳述。

水力發電廠由於開發形式（依設施形態）分為下列諸種。

1.水路式發電廠：

其設施包括蓄水庫、進水口、沉沙池、水路（包括開渠及隧道）、水槽、壓力鋼管、發電廠房、放水路等。

2.壩式發電廠：

其設施包括水壩、進水口、壓力鋼管、發電廠房、放水路。

3.壩及水路混合式發電廠：

其設施包括水壩、進水口、壓力隧道、平壓塔 (Surge Tank)、壓力鋼管、發電廠房、放水路。又可分尾水式 (Tailrace) 及頭水式 (Headrace) 兩種。請參照下圖 8-1。

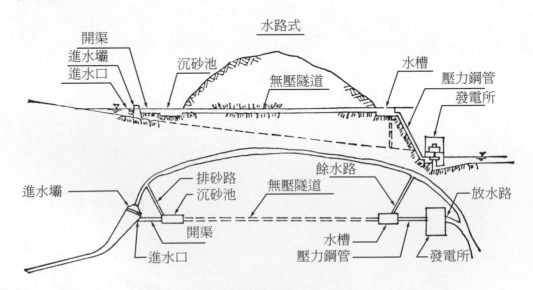

圖 8-1　發電廠種類（之一）

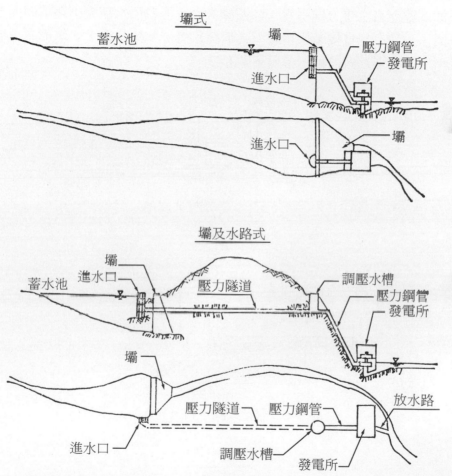

壩式

蓄水池　　　壩　　　壓力鋼管
　　　　　　　　　　發電所
進水口

進水口　　　壩

壩及水路式

壩
進水口　　　調壓水槽
蓄水池　　　壓力隧道　　　壓力鋼管
　　　　　　　　　　　　發電所

壩
　　　壓力隧道　壓力鋼管　　放水路
進水口　　　調壓水槽　　發電所

圖 8-1　發電廠種類（之二）

第二節　進水口

　　進水口可分為自水路式發電所引水之無壓式進水口與自蓄水池或調整水池引水之壓力式進水口兩種。前者依使用水量大小規模而異，大致形成鐘口形平面，盡量自水平方向引水，參照圖 8-2。後者依水深大小之不同而形狀亦不同，大致有 a.直接裝設於壩上（下面）者，b.傾斜者，c.塔形者，d.牽牛花形（八角形）者諸種，參照下圖 8-3。

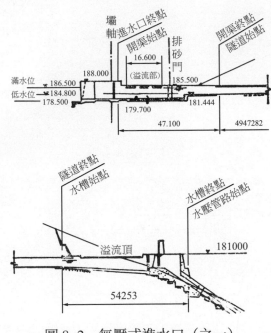

圖 8-2　無壓式進水口（之一）

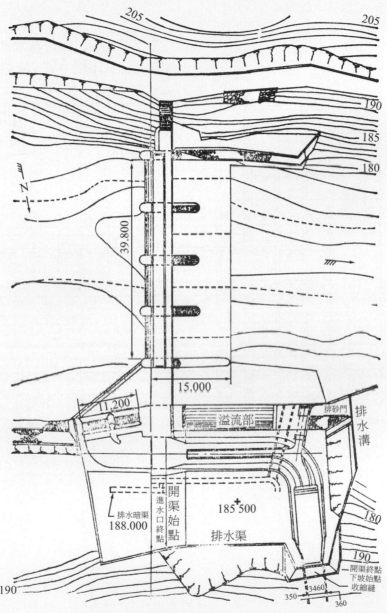

圖 8-2　無壓式進水口（之二）

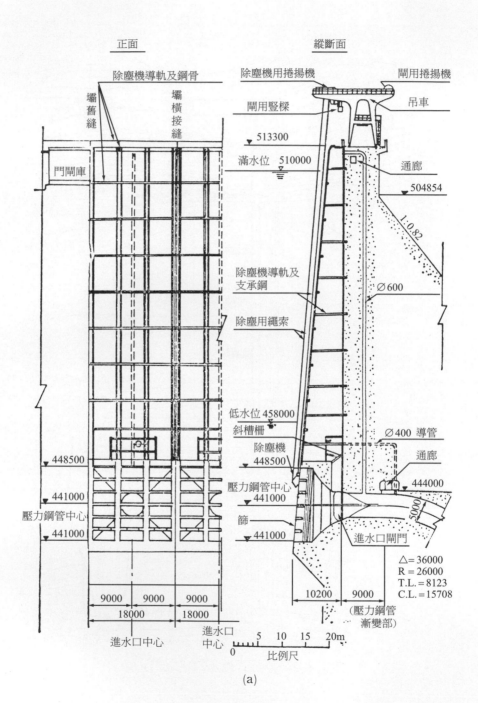

正面　　　　　　　　　　　　　　縱斷面

除塵機導軌及鋼骨　　　除塵機用捲揚機　　　閘用捲揚機

壩舊縫　　壩橫接縫　　門閘庫

閘用豎樑　　　　吊車

▽ 513300

滿水位　510000　　　通廊

▽ 504854

1:0.82

除塵機導軌及支承鋼　　Ø600

除塵用繩索

低水位 458000　　　Ø400 導管

斜槽柵　　　　通廊

除塵機　448500　　　444000

壓力鋼管中心 441000　　5000

篩　　進水口閘門

441000

壓力鋼管中心 441000

448500

441000

9000　9000　9000

18000　　18000

10200　9000

進水口中心　　進水口中心

△ = 36000
R = 26000
T.L. = 8123
C.L. = 15708

（壓力鋼管漸變部）

5　10　15　20m

0　　比例尺

(a)

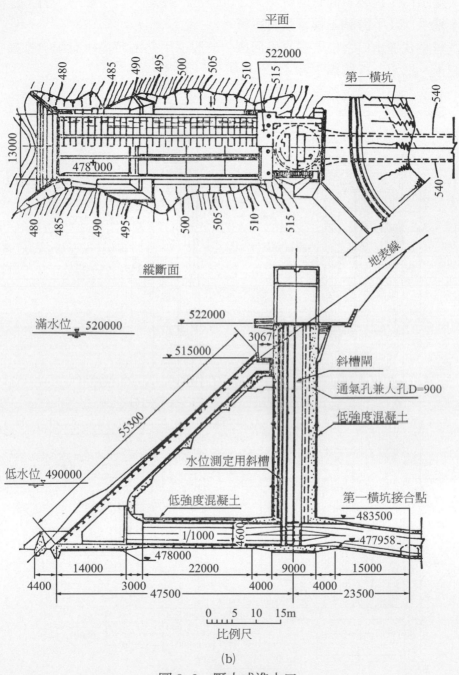

平面

縱斷面

第一橫坑

地表線

滿水位　520000

522000

3067

斜槽閘

通氣孔兼人孔D=900

低強度混凝土

515000

55300

水位測定用斜槽

低強度混凝土

第一橫坑接合點

483500

低水位　490000

477958

1/1000

4600

478000

第一橫坑

478000

14000　　3000　　22000　　9000　　15000

4400　　　　　　4000　　4000

47500　　　　　　　　　23500

0　5　10　15m

比例尺

(b)

圖 8-3　壓力式進水口

　　進水口工程必須同時進行下游之沉沙池、隧道、發電廠房，且考慮洪水時，進水口及下游諸工程不致有災害。

　　無壓式進水口之位置多靠近河床，一般採用之臨時擋水有填實型擋水、混凝土之擋水、板樁擋水等。

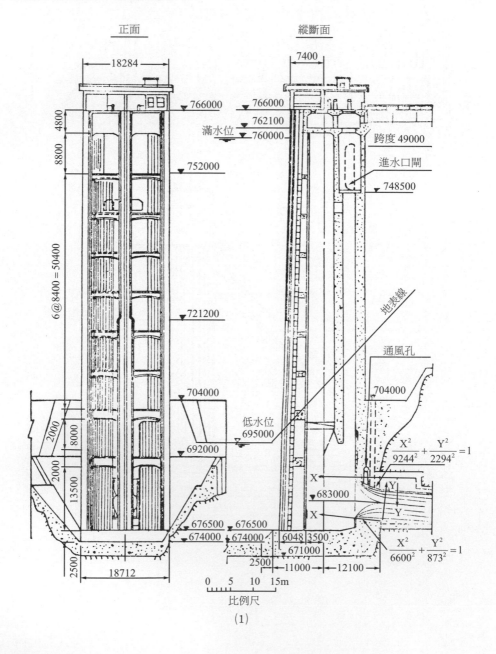

(1)

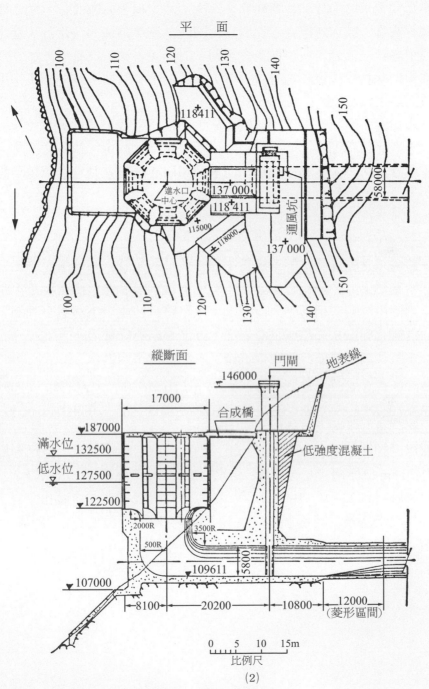

圖 8-4　壓力式進水口

壓力式進水口由於其位置較高於河床，故工程少有臨時擋水之必要，但由於壩之高聳，洪水時恐有水之覆蓋，因此為避免隧道內浸水計，進水口接連之隧道應留一部分，或事前施設水門，以防災害來善為施工。

進水口除直接設置於壩身者外，大多設於山腹斜坡，其挖掘多採用臺階挖掘 (Bench-Cut) 工法。

進水口進口形狀如未按設計圖形施工，則將招致大量損失水頭及發電量之減少，故必須詳細施工。如混凝土模板之支撐、錨定、鋼筋之配排、灌漿之順序等務必小心。在壓力式進水口水門四周必須有充分之灌漿以防漏水。

第三節　水路隧道

一般隧道之施工將在下章隧道工程詳述外，茲就水路隧道之施工事項詳述之。水路隧道分為無壓隧道與壓力隧道兩種，前者在自由水面下流動，後者在全剖面中均具有相當壓力而流動。水路隧道在施工應注意下列諸項：

1. 混凝土施工務必作成平滑表面，以減小粗糙係數。

2. 水路均單向坡度，故由上坡施工時應注意坑內排水。

3. 在壓力隧道時，在混凝土管與岩盤中空隙應灌水泥沙膠，俾能傳遞內壓於岩盤，且防止漏水及減輕外壓計在隧道四周岩盤，進行灌漿工程。

水路隧道之挖掘用隧道運渣車 (Jumbo)（含盾構），架式鑿岩機 (Drifter)，裝載採用滑動鏟土機 (Rocker-Shovel)，動力多採用壓縮空氣，並用通風機通風（用 20 cm 口徑鋼管）並換氣，給水管用 5 cm 口徑軟管，坑內每十公尺應有照明設施（約 220 V，100 W 燈）。倘採用炸藥爆破者，炸藥孔深自二公尺至二公尺四十公分，其孔之排列如下圖 8–5。圖上阿拉伯數字表示爆破之先後順序。

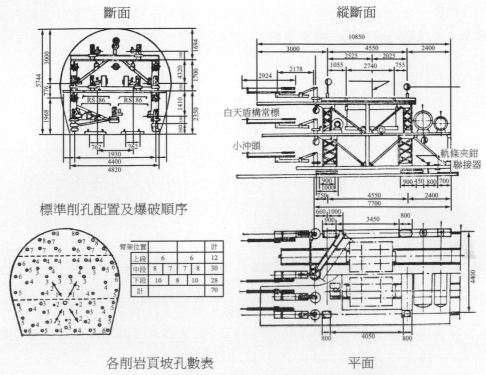

斷面　　　　　　　　　　　縱斷面

標準削孔配置及爆破順序

臂架位置				計
上段	6		6	12
中段	8	7	7　8	30
下段	10	8	10	28
計				70

各削岩頁坡孔數表　　　　　　　平面

圖 8-5　盾構及鑿孔位置

水路隧道內模板支撐多用鋼軌（如 22 kg/m）之拱形支保，間隔約 1.5 m 至 2.0 m，詳細參照下圖 8-6。所用模板多係支托小樑 (Needle Beam) 移動型者。裝設時考慮混凝土浮力，往下降低一公分左右為宜。灌築混凝土時自隧

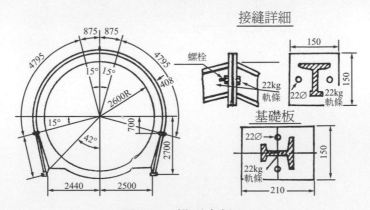

接縫詳細

圖 8-6　拱形支保工

道頂混凝土管 （20 cm 口徑） 經斜槽 (Chute) 向下先灌妥隧道底邊，然向兩翼，最後灌築隧道頂部，詳見下圖 8-7。

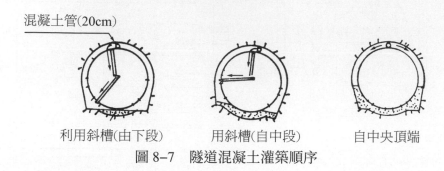

利用斜槽(由下段)　　　用斜槽(自中段)　　　自中央頂端

圖 8-7　隧道混凝土灌築順序

如設置鋼筋者宜採用鋼筋盾構來排筋。

上述係水平方向之水路隧道之施工一斑，茲再敘述斜向之施工於後：

斜坑（向）水路隧道多係壓力隧道，其挖掘採用首由下端向上端挖導坑，當開通後再由上向下，擴大挖掘之所謂露天礦坑工法 (Glory-Hole Method)，圖 8-8 係導坑之剖面圖，中間用 12～15 cm ∅ 木支撐，圖 8-9 係圖 8-8 之橫剖面圖，由下往上挖掘。圖 8-10 係搬出挖方之要領。

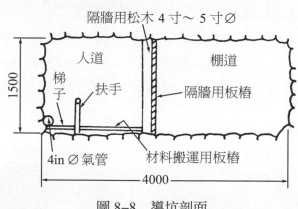

圖 8-8　導坑剖面

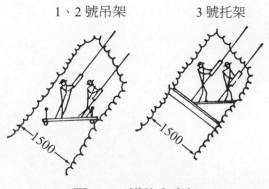

1、2 號吊架　　　3 號托架

圖 8-9　導坑內鷹架

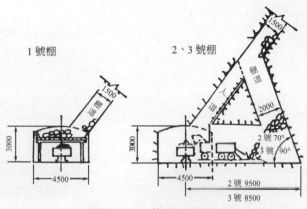

1 號棚　　　2、3 號棚

圖 8-10　搬出之要領

　　在擴大挖掘時，如上面地質不良時易下坍，於此應即向下挖掘，最後才挖掘上面不良地質部分。在斜坑坑口應利用鎖緊螺栓及舊鋼軌作拱形支保工支撐，或再加混凝土保護。隧道模板採用鋼模（分仰拱、側牆、拱冠三部分），灌築混凝土自仰拱 (Invert) 開始，然側牆、拱冠同時灌築混凝土，圖 8-11 係斜坑混凝土灌築之要領，圖左為捲揚機位置，圖右為詳細圖。

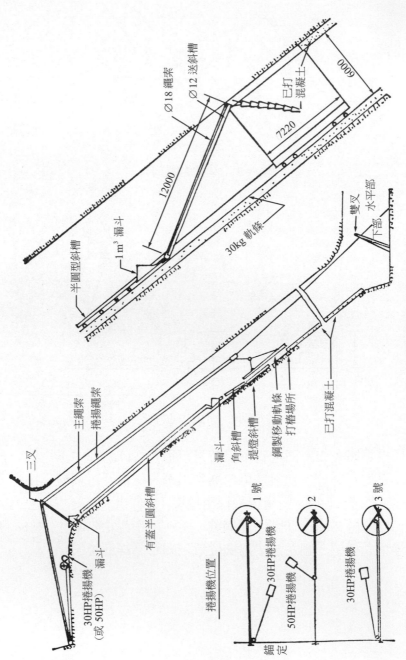

圖 8–11　斜坑混凝土灌築要領

第四節　平壓塔

平壓塔 (Surge Tank) 係針對由於負荷急烈被遮斷引起壓力水管之水壓衝擊力之緩和及對負荷變化、調節水量、令運動能夠圓滑進行而設立。如由機能而分，平壓塔有四種，請參照下圖 8–12。

(1)單動平壓塔，(2)差動平壓塔，(3)制水孔平壓塔，(4)水室型平壓塔。

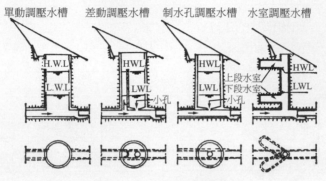

圖 8–12　平壓塔種類

又依設置形態而分有三種：

(1)水塔全部露出者，(2)水塔部分露出，部分在地下者，(3)水塔全部埋在地下者。

露出者多用鋼骨，深埋者用鋼筋混凝土。臺灣中部之明湖抽蓄電廠採用者係鋼筋混凝土之半露出，半埋之平壓塔。

平壓塔多設在山腰，係鉛直方向之較長結構物。其挖掘由設於下部之橫向作業坑，向上挖掘豎坑，於貫穿後再沿豎坑自上面向下擴大挖掘之，猶如上節斜坑之露天礦坑工法最普遍採用。當向上挖掘豎坑時通常以圓木或木板椿作隔離。分別人孔及滑道，並作活動鷹架逐漸向上挖掘。如需爆破者宜留意坑內換氣。向下擴大挖掘時如係大面積者可在挖掘機加推土機刀片挖掘下墜之。如有地層陷坍之虞者宜設置鎖緊螺栓或混凝土之保護。

平壓塔承受相當大之水壓，故混凝土灌築務必注意，以防破裂或漏水，尤其接縫處更須特別小心。混凝土模板多用滑移式鋼模，每層高約 1.5 m，灌築時應由下端開始，並進行灌漿工程以策安全。

第五節　壓力鋼管

　　壓力鋼管（隧道）(Pressure Tunnel) 係自進水口、頭水塔 (Head Tank) 及平壓塔 (Surge Tank) 直接導水至水車所裝設結構物，由鋼管及附屬設施所構成。後者有支承結構物、伸縮接縫、補強材、人孔、空氣瓣等。

　　壓力鋼管有兩大類：

　　由設置形式而分

　　1. 地上式：如臺灣中部日月潭發電廠者。

　　2. 隧道式：（參照下圖 8–13）。

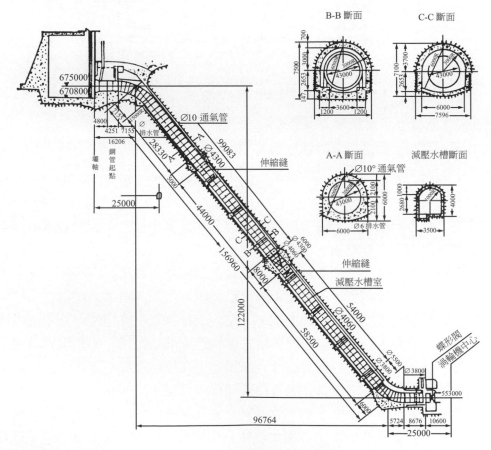

圖 8–13　隧道式埋設壓力鋼管

⑴埋設形。

⑵非埋形。

3.壩中式（參照下圖 8-14）

⑴埋設形。

⑵非埋形。

由支承方式而分：

1.不埋入方式

⑴固定支承以錨定塊固定。

⑵移動支承：

　①座板 (Saddle) 支承座：在結構上係滑動式，又可分為混凝土及鋼製兩種。

　②環形 (Ring) 支承座：由結構上又可分為滑動式 (Roller type)、滑移式 (Slide type) 及搖擺式 (Rocker type) 三種。

2.埋入方式：固定支承。

除此之外為防止漏水計多在水塔隧道間及進水口漸變段使內貼管、壓力鋼管之水路橋亦可屬於壓力鋼管之一部分。壓力鋼管多設在地上（沿著地面），工程費少、養護方便，近來隨著大壩之興建，將壓力鋼管埋設於壩內者盛行，甚至作地下發電廠，將壓力鋼管設於此地下隧道裡。

特別高壓時歐洲已發展有所謂「自行配箍鋼管」(Self-hooped Pipe)。壓力鋼管務必考慮一旦發生災害時之嚴重性，故其基礎必須十分堅強，如在非岩盤者宜檢討其支承，或以混凝土塊、橋樑等支承之。與進水口及外包部分之接縫處宜完整（變形在容許範圍內），鋼管之接縫多用焊接（不再用鉚釘接），在單位鋼管之大型化以及落差甚大者應採用高拉力鋼之壓力鋼管。鋼料之容許應力必須確保，通常採用安全係數為四，注意管厚、接縫以及不良鋼料。

鋼管一般與造船，汽罐製造工法相同，首以除板歪機刪除鋼板變形，由鋼板邊緣開始加工彎曲至所需圓弧形。如在工廠加工成品（鋼管）以單位長來輸送，倘不便輸送時應作臨時組立檢驗後再輸送。一般方便於輸送大小為六公尺長，三公尺口徑以下。在輸送途上宜防止變形或損傷，並註明名稱、形狀、尺寸大小、重量於明細表，一併輸送至工地。壓力鋼管雖曾用鉚釘接縫，但目前已多用焊接，並加 X 光線之檢核以求完善。在焊接時應注意下列

C 發電所（壩中式）

發電力 (KW)	380,000	水壓鐵管條數	4
使用水量 (m³/sec)	420.00	總長 (m)	127.523
總落差 (m)	119.15	內徑 (m)	5.0～4.4
有效落差 (m)	105.00	管厚 (mm)	18～32

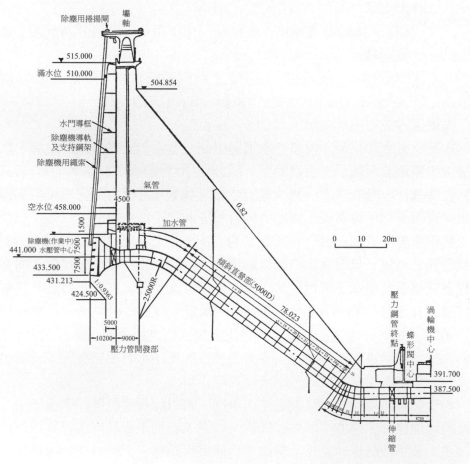

圖 8-14　壩中式埋設形壓力鋼管

諸點：

1.焊接作業應在熟練監工人員下進行之。

2.焊桿之品質必須正確，並保存在乾燥場所。

3.焊接作業原則上採用「向下」，如用其他姿勢者應在充分之作業管制下進行之。

4.焊接之前，鋼板表面必須刪除熔渣，如有焊珠之缺陷者應將不良部分完全削除。

5.鋼板厚超過 25 mm 之焊接，應先在接縫兩邊取板厚四倍長加以預熱，雖在 25 mm 厚以下，但低於 5°C 時亦然。焊接作業不可在 −15°C 以下進行。

6.採用自動焊接時其電壓勿有 ±2.5% 之變異，人工焊接時電壓之變異亦招致不良後果。最好採取專用電源。

焊接作業應採用下述各項試驗與檢核：

1.焊接工之資格試驗。

2.焊接方法之承認試驗。

3.開口形狀及狀況之檢核。

4.焊接接縫之 X 光檢核。

壓力鋼管首先裝設彎曲管部分並用錨定塊或支承臺固定，然後向伸縮接縫依次裝設，進行工地接縫之焊接。

裝於隧道內之壓力鋼管，由於多用斜坑，其坡度以 37° 至 40° 為宜。除用支承臺支承外，如用灌漿固定時應注意其灌漿注入壓力，以免產生鋼管之屈折。在坑內雖高濕度不便施工，但不受天氣影響，有時反而容易施工。工地接縫以 V 型來焊接為宜。

壓力鋼管裝置後做表面檢核，通過後先行噴砂 (Sand Blast) 或噴淨法 (Shot Blast) 清除塗裝表面之鏽或汙垢，然後選用適當之塗裝料加以表面塗裝。為了充分發揮塗裝功效，應注意下列各項：

1.查明塗裝料品質，勿誤用其使用方法。

2.充分整平表面，採用適於塗裝料工具。

3.塗裝料務必十分混合，每層塗裝厚在油質油漆者為 0.035 mm，瓷性者為 0.025 mm，乙烯基塗料者為 0.015 mm。

4.每層塗刷後應充分乾燥，注意溶劑之蒸氣影響。

5.避免低於 5°C，高出 85% 濕度，陽光直照及飛塵下進行。

第六節 發電廠

發電廠依形態可分為地上、半地下、地下三種，後兩者較多採用，尤其後者今日有長足進步（如曾文水庫地下發電廠、明湖抽蓄發電廠），加上埋設式壓力鋼管在經濟效益上更佳。以支承方式而分有單床、二床、多床等分類。

發電廠施工前應有下列籌備事項：

1. 基礎地質調查成果（岩盤、斷層、湧泉、漏水等資料）。
2. 臨時擋水計畫之河川狀況資料。
3. 工程計畫。
4. 發電廠、渦輪機、外殼、尾水管等之特徵、尺寸大小、重量等。
5. 附屬設備之尺寸大小、重量、配置之容許界限。
6. 重物搬運與起重機搬運時間及各狀況。

地下發電廠之地下室挖掘有三種工法：

1. 中截式：設置頂導坑，由頂部擴大挖掘，而灌築拱部分之混凝土。後設底導坑，向上挖掘中截豎坑，再由頂部逐漸向下挖掘，並由底導坑搬出挖方。
2. 臺階式：頂部與中截式相同，全剖面係以臺階式挖掘方式進行之。
3. 帶式：令全剖面分成數層而挖掘，參照下圖 8-15。

地下發電廠之挖掘，一般有湧泉，故分為上部，下部排水設備各進行其排水，應具備抽水幫浦或柴油發電機等。

尾水管 (Draft tube) 在 Pelton 渦輪機時採用雉型，在 Francis 螺漿渦輪機時採用 EIBOR 型。尾水管木型部分在灌築混凝土以前應做真正尺寸，以修正形狀之錯誤及模板，俾減少渦輪機之效率下降。尾水附近混凝土之灌築前，先灌築基礎混凝土，以便尾水管錨定。混凝土水平接縫應插入止水用五金（銅製或鋼板），與基礎岩盤間應作低壓之灌漿工程（壓力約 3 kg/cm², 比例 1:1）。

低落差（15 m 以下）發電廠可以鋼筋混凝土套管代替鋼套管，惟應注意接縫位置、配筋錨定及龜裂。如有龜裂者可用 3～4 kg/cm² 壓力注入水泥漿或各種防漏劑，作防水塗裝。落差大於二十公尺者應採用鋼套管方可。套管四周應灌築填充混凝土。在發電機盤應配置輻射狀鋼筋以安全傳達發電機所

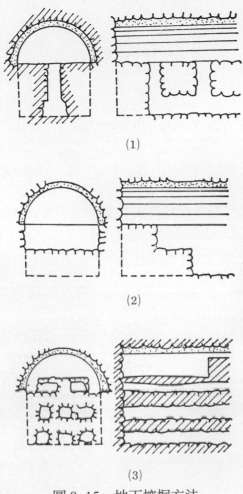

(1)

(2)

(3)

圖 8-15　地下挖掘方法

生扭矩至下部，施工時可用戽斗裝混凝土倒入斜槽者或用混凝土幫浦灌築。

　　圓柱體 (Barrel) 施工中務必小心以免對機械基礎產生誤差，故模板結構及其支撐要有嚴格之管制，灌築混凝土宜用小型振動機以免模板變形。圓柱體混凝土外圍應注意其美觀，注意細骨材配合，以求均勻之表面。

習　題

1. 由於開發形式，水力發電廠可分為哪些種類？

2. 何謂水路隧道？又可分為哪些種類？其施工中應注意事項有哪些？試加以略述之。

3. 試述平壓塔之功用與分類。

4. 何謂壓力鋼管？有何種類？並詳述在焊接及塗裝時應注意事項。

5. 試述地下發電廠之挖掘工法。

6. 試解釋下列諸項
　(1)噴砂　(2)尾水管　(3)圓柱體　(4)進水口

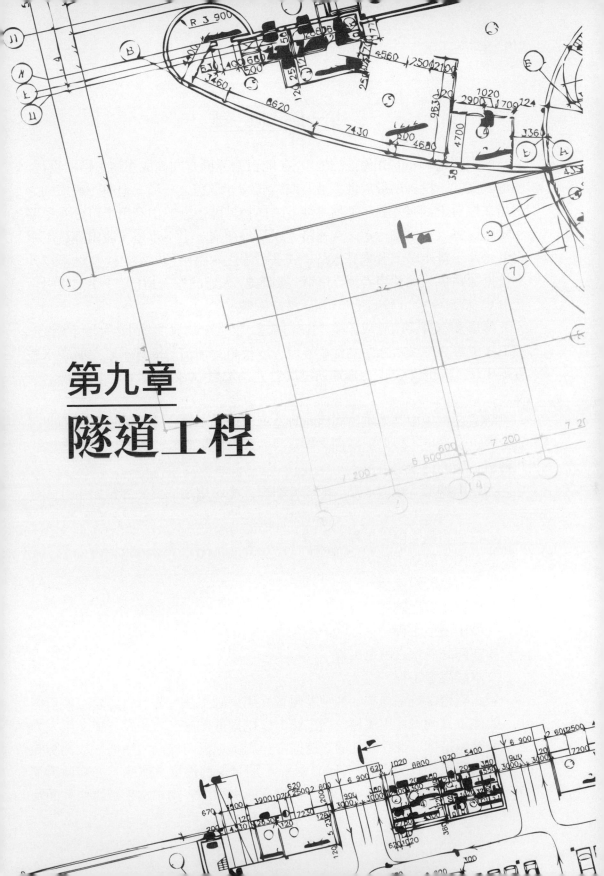

第九章
隧道工程

第一節　概　述

　　所謂隧道 (Tunnel) 係挖掘地中，在地表面下橫方向構成通路之結構物也。由地表面向下挖掘所形成地下通路或結構物亦隧道之一種，但與一般橫向之隧道在性質上稍有差異，應稱為地下結構物。隧道一般由利用上可分為道路和鐵路等供人類車輛行走之交通路，以及供運河，上下水道，農田灌溉用水之供水路，排水路，發電導水路，放水路等之水路兩種。總之，在地下以人為挖掘通路供人類使用者稱為隧道，據歷史，人類開挖隧道已有一萬年以上，在 B.C. 9000～3000 曾有挖及 10 m 深之記載。

　　隧道多為貫穿山脈或丘陵之山嶽隧道，惟近來為發展都市，有地下鐵路、上下水道等貫穿城市之所謂都市隧道，以及貫穿河流、海峽水底之所謂水底隧道出現，其他如為開採礦產所挖掘者稱為坑道 (或函洞)，亦為隧道之一種。

　　隧道之挖掘由兩端坑口向內同時進行，但為增進作業速度計，在中間可先挖豎坑及橫坑，以增加挖掘之作業前端面。隧道貫穿之地質係岩石者稱岩石隧道，否則稱土質隧道。

　　大致上隧道工程依地點、地質、剖面大小、用途而異，通常如下方式分之：

　　　1.挖掘岩盤之隧道工程
　　　　⑴山嶽隧道工程。
　　　　⑵海峽隧道工程。
　　　2.挖掘土質之隧道工程
　　　　城市隧道工程。
　　　3.在海底設置之隧道工程
　　　　水底隧道工程。

　　岩石隧道之挖掘作業面通常甚硬者採用爆破工法，先行打碎岩石後再搬出。如係不甚硬者可用機械挖掘工法，以挖掘機械施工。土質隧道多用人力挖掘或機械挖掘。惟軟弱地盤之挖掘中，周圍地盤可能向內崩坍，故為防範計在挖掘四周作鋼製盾構 (Shield) 圍繞，隨著挖掘作業之前進，亦將此盾構向前推進，稱為盾構工法。如地下水位高或水壓大，湧出水來破壞作業面及

四周時，可輸送壓縮空氣進入隧道內，稱為壓力工法。亦有在盾構內輸送壓縮空氣者稱為壓力盾構工法。

　　隧道之剖面及襯砌 (Lining) 之各部名稱如下圖 9-1。上部為拱或拱門 (Arch)，兩側為側牆，底為仰拱 (Invert)。

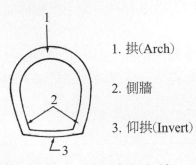

1. 拱 (Arch)

2. 側牆

3. 仰拱 (Invert)

圖 9-1　隧道各部名稱

　　道路、鐵路用隧道之淨剖面應包含其建築界限，且建築界限外側亦應需要（如照明、通訊、換氣、排水等），餘留空間。水路隧道應考慮所需流水量再加些餘裕之剖面方可。

　　隧道剖面形狀應對外力最經濟條件者為宜，通常用三心或五心圓所成馬蹄形最多。地質較佳者亦仰拱作成閉合剖面，如地質差者可採用圓形剖面。剖面愈大，土壓愈大，尤其地質不良處徒增施工困難，故普通剖面勿超出12 m 口徑為宜。但口徑太小（剖面小）者施工不易，臨時應急亦難，故最小勿小於 1.6 m 口徑，最好其寬、高均在 2 m 以上。

　　挖掘施工中多多少少有湧水流出，故隧道內必須作排水。隧道之挖掘應向上挖掘，俾湧水能往後自然流出，排出於坑外。如係水底隧道、城市隧道者必須向下挖掘，湧水集中於作業面，於此應做抽水排水，或另挖掘抽水坑，誘導湧水流入抽水坑，以便排水。

　　隧道工程在施工前，應作好地盤之調查以瞭解岩盤土質等。調查方法有物理探查（彈性波與電氣）、鑽探、開挖等。

　　因隧道係建築於地下之長帶結構物，承受相當龐大之地壓 (Ground Pressure) 與湧水之困擾。當挖掘隧道時由於地盤性狀、挖掘剖面形狀等，對原地盤產生變位或崩潰，增加施工困難之所謂地壓可分為兩種：

　　1.由重力作用產生地盤之鬆懈地壓。

2.與重力作用無關之地壓。

(1)由地盤潛在應力解脫之地壓。

(2)由地盤性質變化之地壓。

(3)由地盤質量變化之地壓。

至於湧水，除利用地下水調查以明瞭，或選線時避開等以外，對於異常湧水可採用下列方式。

1.湧水排出法：利用鑽探孔、迂迴坑等使湧水自然排出。

2.湧水阻止法：預料有湧水情況時，先行注入水泥、藥液等進入地盤以強化之，而阻止湧水。

第二節　挖　掘

壹、挖掘方式

1.岩石隧道之挖掘有下列七種：

⑴全剖面挖掘：如圖 9–2，先挖①，再挖內面工部分②。

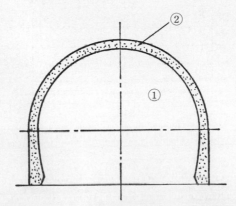

圖 9–2　岩石隧道挖掘順序（全剖面）

⑵原爆型挖掘：如圖 9–3，先挖①，再挖內面工頂部部分②，然後挖兩側牆內側③，最後挖兩側牆部分④。

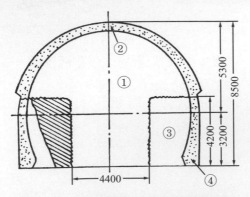

圖 9–3　岩石隧道之原爆型挖掘順序

(3)半剖面挖掘及底設導坑併進半剖面挖掘 ： 如圖 9-4 (a)及(b) ，自①至④、⑤順序挖掘。與上(1)不同者，先行挖半圓部分，作好拱內面工（或支保工）後再往下挖掘也。圖(b)左係縱剖面，以 15 cm 口徑圓木支撐，上放工字樑，並利用舊鋼軌，運出挖方。

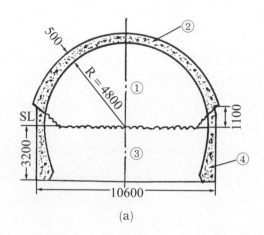

(a)

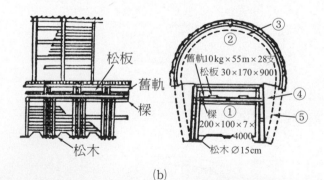

(b)

圖 9-4　岩石隧道之半剖面挖掘

⑷底設導坑式挖掘：有中截式與新澳洲式、上部開挖式等三種，如下圖 9-5 ⒜～⒟，依阿拉伯數字順序開挖之。

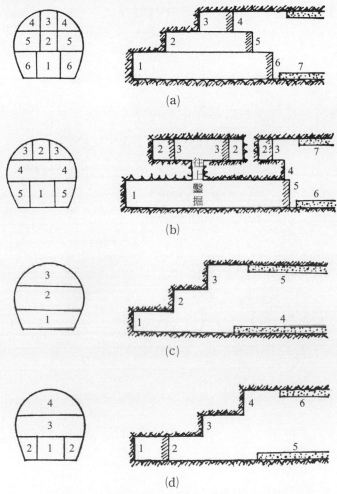

圖 9-5　岩石隧道之底設導坑式挖掘

⑸頂設導坑式挖掘：用臺階式如下圖 9-6 ⒜⒝亦依數字順序挖掘。

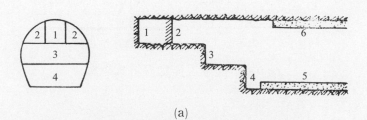

(a)

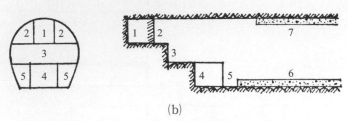

(b)

圖 9-6　隧道之頂設導坑式挖掘

(6)中央導坑式挖掘：有正式與反式兩種，前者自中央往四周，後者自中央向上，上左右，中左右，下，下左右順序挖掘，如圖 9-7 (a)(b)。

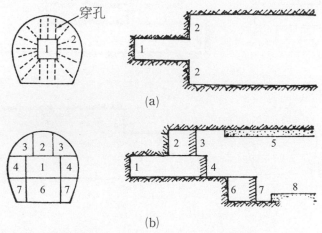

(a)

(b)

圖 9-7　隧道之中央導坑式挖掘

(7)先進導坑式挖掘：在隧道旁先挖先進導坑，再用連絡坑，挖掘隧道者，如圖 9-8。

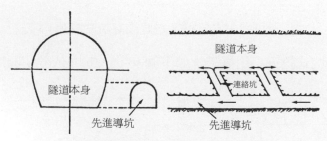

圖 9-8　隧道之先進導坑式挖掘

2.軟弱地盤隧道之挖掘有下列六種：

⑴比利時式挖掘：有反式法，如圖 9-7 ⒝，留核心工法，新丹那工法等，參照圖 9-9 ⒜⒝⒞⒟。

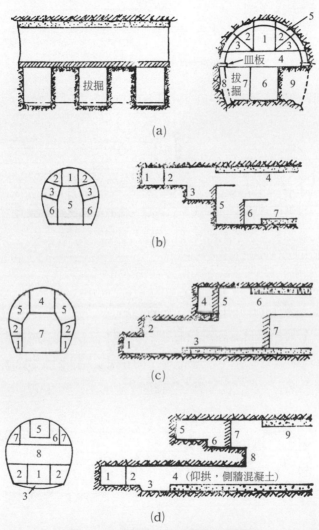

(a)

(b)

(c)

(d)

圖 9-9　隧道之比利時式挖掘

(2)德國式挖掘：如圖 9–10。

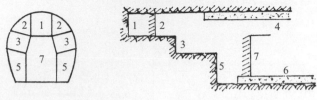

圖 9–10　德國式

(3)義大利式挖掘：如圖 9–11。

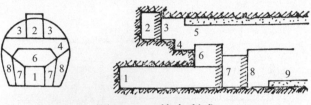

圖 9–11　義大利式

(4)美國式挖掘：如圖 9–12，(a)為先進方式。

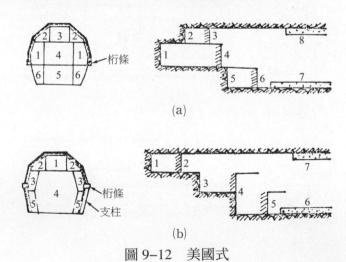

(a)

(b)

圖 9–12　美國式

(5)丹那式挖掘：如圖 9-13，係用混凝土回填者。

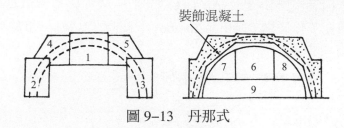

圖 9-13　丹那式

貳、山嶽隧道之爆破挖掘

山嶽隧道之主要施工作業為挖掘、支撐及內面工。挖掘作業往昔多用炸藥爆破，近日改用挖掘機械（Tunnel Boring Machine，簡稱 T.B.M.）作業，兩種施工法完全不同。後者對原地盤不致影響，支保可減少，多餘挖掘亦減少，可節省工程費，惟有使用界限（挖掘剖面大小、機械重量），如臺灣東部蘇花鐵路隧道工程所使用大約翰式挖掘機之失敗即其一例。故採用爆破或機械挖掘均應依挖掘、支保、內面工三主要作業之互相調和而定，以求最佳效率。

爆破挖掘作業可分為割碎與碎屑搬出兩種。

一、割碎作業：

可分兩種（鑽孔及爆破），茲敘述於下：

1.鑽孔作業：

(1)鋼鑽（錐）：鋼鑽前端稱為鑽頭 (Bit)，有十字鑽頭、一字鑽頭、活絡鑽頭 (Detachable bit)、嵌入式鑽頭等以超硬金屬包圍尖端。

(2)鑽岩機：多用衝擊（振動）式，亦用旋轉式者。一般由於重量和容量可分下列各種機械，多以壓縮空氣驅動。

①架式鑽岩機 (Drifter)。

②套筒式鑿岩機 (Stopper)。

③輕型鑽岩機（Jack-Hammer 或 Sinker）。

④十字鎬鎚 (Pick Hammer)。

(3)鑽岩架臺：

小型鑽岩機者用風動支架 (Air-Leg) 如圖 9–14。大型者（或同時多臺工作時）採用鑽孔工作盾構 (Drilling-Jumbo)（即活動架臺）。如圖 9–15。

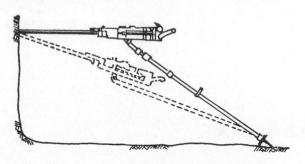

圖 9–14　(Air Leg Drill) 風動支架鑽

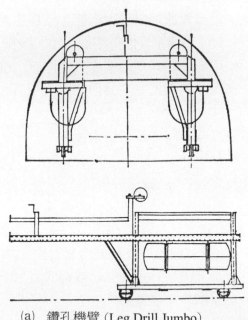

(a)　鑽孔機臂 (Leg Drill Jumbo)

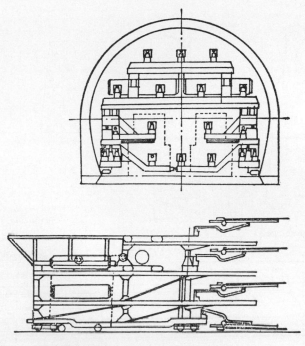

(b) 鑽孔機台 (Boom Drill Jumbo)

圖 9-15　鑽孔工作盾構 (Drilling Jumbo)

2.爆破作業：

隧道用炸藥主要者為黃色炸藥 (Dynamlte)，近來有粒狀之 ANFO 炸藥與粉狀之 Slurry 炸藥之新產品。引爆時用導火線 (Fuse) 與雷管 (Detonator)。

3.鑽孔方法：

有由挖掘面中央之所謂核心法，有劈開法 (Wedge Cut)、金字塔法 (Pyramid Cut)、V 型法，平行核心法有圓筒形法 (Cylinder Cut) 等諸法，詳圖 9-16。

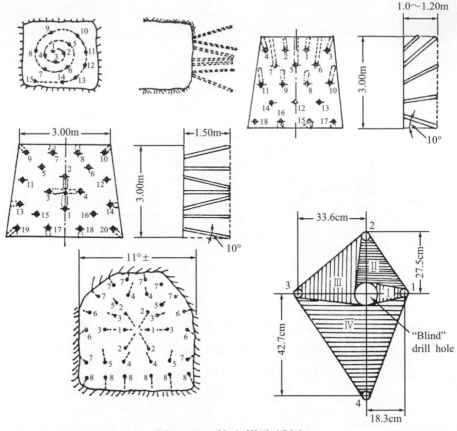

圖 9-16　核心鑽孔種類

二、碎屑搬出作業：

　　隧道內割碎後之碎屑搬出作業，必在有限之狹長坑道內受種種限制下進行。原地盤經割碎後增加體積（硬岩 1.4～2.0 倍，軟岩 1.3～1.7 倍，土砂 1.2～1.5 倍）。碎屑之搬出作業可細分為裝載、搬出、拋棄三作業。前者多用鏟斗裝載機 (Shovel Loader) 或 (Conway-Rocker Shovel)。 中者有軌道式與輪胎式兩種。單線軌道式應有另一側線俾便裝載車與空車之交替，雙線軌道式亦應有分叉等設備，如利用梭動車 (Shuttle-Car)、火車裝載車 (Train Loader)，即簡便，長距搬運時勿用有排氣之柴油車頭。詳圖 9-17。

　　碎屑之拋棄作業常用自動傾卸車 (Tippler) 或貨車傾卸機 (Car dumper)。

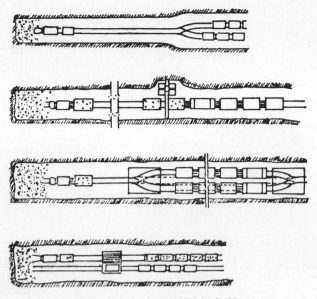

圖 9-17 碎屑搬運之交替

三、作業中之通風換氣：

為了增進隧道坑內作業條件及施工效率計，必須進行坑內之通風換氣(參照下表)。

有毒瓦斯、可燃瓦斯之容許濃度表

瓦斯種類	單　位	日本勞動省	日本通產省	A.C.G.I.H
一氧化碳 (CO)	ppm	－	200(100)	50
一氧化氮 (NO)	ppm	－	50(25)	25
二氧化氮 (NO_2)	ppm	－	50(25)	5
二氧化碳 (CO_2)	%	1.5	－	0.5
硫化氫 (H_2S)	ppm	－	100(50)	10
乙烷 (CH_4)	%	1.5	－	－
氧 (O_2)	%	16.0	－	－
二氧化硫 (SO_2)	ppm	－	20(10)	5

〔註〕：A.C.G.I.H 係 American Conference of Governmental Industrial Hygienests 之簡稱。

產生坑內必須換氣之必要因素大致如次：

1. 因爆破引起之有毒瓦斯。
2. 由坑內湧出之有毒瓦斯。
3. 由柴油機等產生之有毒瓦斯。
4. 由於粉塵。
5. 由高溫及高濕度。
6. 因缺氧。

換氣方法有下列諸種：

1. 吹進方式。
2. 吸出方式。
3. 補助通風方式。
4. 交換方式。
5. 豎坑方式。

〔註〕：上述均採用通（鼓）風機 (Blower) 為其動力或作補助動力。

參、爆破挖掘山嶽隧道之支保工

隧道挖掘工程完成後至內面工（或稱覆面工 Lining）開工以前，為防止工地之變形崩潰計，必須採取支保工 (Timbering)，倘工地地質堅硬不致有崩潰變形者不必用。支保工有木造支承柱式與鋼製拱形式兩種，前者目前已少用。工地不良者在挖掘打碎前應組立支保工（先打板樁）後方施行爆破。木造支保工由於其結構強度分為人字形式、分支樑式、支撐式三種，請參照下圖 9–18 木造支承柱式支保工。

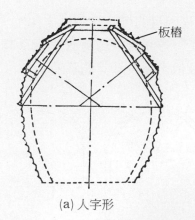

(a) 人字形

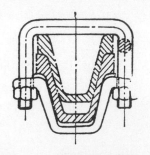

(b) 分支樑   (c) 支撐式

圖 9-18　木造支承柱式支保工

圖 9-19　鋼製拱式支保工

　　鋼製拱式支保工結構因目的可分為剛性支保工、伸縮性支保工兩種，後者參照圖 9-19。土木工程方面幾乎均用 H 型鋼之剛性支保工，其形式有如圖 9-20 五種，務必詳細依土壓設計其間隔及大小。

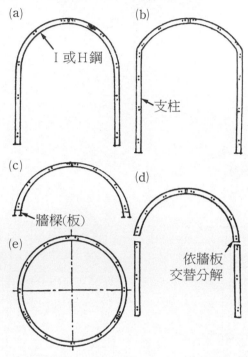

圖 9-20　鋼製拱形式支保工種類

一、新式簡易支保工

1.岩石螺栓工法 (Rock Bolting Method)

　　所謂岩石螺栓工法係由於岩石螺栓之加強，利用工地本身強度以支承隧道坑剖面。因並非由挖掘部分來支承之構造，故可以充分廣範圍地利用坑內空間。岩石螺栓有薄楔型 (Slit-Wedge Type)、伸縮型 (Expansion Type)、水泥沙膠固定型 (Mortar Anchor Type)，參照下圖 9-21，由於工地狀況而有下列三種功用：參照圖 9-22。

　(1)下吊作用。

　(2)加強作用。

　(3)樑之作用。

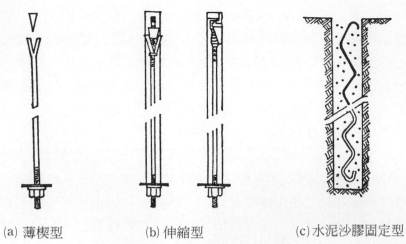

(a) 薄楔型　　　　　(b) 伸縮型　　　　　(c)水泥沙膠固定型

圖 9-21　岩石螺栓工法種類

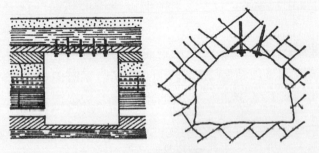

(a) 下吊作用

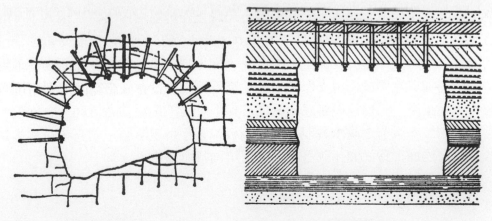

(b) 加強作用　　　　　　　　　　(c) 樑之作用

圖 9-22　岩石螺栓之功用

2.噴射混凝土工法 (Shot-Concreting Method)

於挖掘隧道後立刻噴射混凝土以防止工地崩潰之所謂噴射混凝土工法，其實係一種支保工。如果同時採用上述岩石螺栓工法，即形成二次內面工。本法可分為濕式與乾式兩種，前者直接以混凝土通過噴嘴 (Nozzle) 噴射，後者係在噴嘴處分別將水泥沙膠（未混水）與水混合後噴射之。

3.最新奧地利工法 (New Austrian Method)

係 Rabcewicz 氏所提倡，主要在挖掘後盡早施工 「補助拱」 (Auxiliary Arch)，亦則盡早作好混凝土之仰拱 (Invert)，完成一完全之環狀體。因此可防止工地變形，並使內面工厚度合理化、經濟化。施工時要考慮下列：

⑴於挖掘同時，或挖掘後立刻依岩石螺栓緊固挖掘面。有必要時再以鋼拱支保工作加強。

⑵噴射薄層噴射混凝土於挖掘面，固定此挖掘面。

⑶盡早施工仰拱（或倒拱），以噴射混凝土與仰拱共同作為環狀作用，固定挖掘面。

二、支保工，地壓

隧道以爆破挖掘後放置時，該挖掘面將次第鬆懈，甚至崩潰。因此有此可能者應立刻進行支保工施工，避免地壓之擴大。根據各種研究，支保工在挖掘後愈早施工，其效果愈佳。

三、作用於支保工之地壓及土地之沉陷

挖掘隧道後地層必定鬆懈而下陷。如覆蓋土壤較薄者地層下陷在地表面就可以看出。但並不是所有鬆懈地層全體載重作地壓均由支保工來支承，而係鬆懈地層中某一範圍內，即所謂地拱 (Ground Arch) 範圍內地層載重才作用於支保工。一般作用於支保工地壓愈大，即地層沉陷量亦愈大之趨向，但地層沉陷量並非比例於作用支保工上之地壓。剛開始挖掘隧道時，地層下陷會影響支保工壓力，但往後者逐漸轉向於促進地層下沉活動之方向。

內面工作業前之湧水處理，可用鋼板或塑膠片來防護。倘有相當湧水量者，宜在內面工背面開孔並引導至隧道坑內排水路中。

肆、山嶽隧道之 T.B.M. 工法

隧道挖掘機工法 (Tunnel Boring Machine) 簡稱 T.B.M. 工法，係並不利用

炸藥爆破岩石來挖掘，而以切削機 (Cutter) 將岩石壓碎或切削進行隧道之挖掘作業者。往昔在堅硬地層（岩石）之挖掘，僅能用炸藥之爆破，別無他法。利用 T.B.M. 工法有下列優點：

　　1.不致鬆懈地層，故支保工可簡單、石屑掉落亦少、安全性高、內面工厚可減少。

　　2.多餘挖掘少，故挖掘量、內面工混凝土量均少。

　　3.隧道坑內空氣較清潔。

　　4.作業員工人數少。

　　但 T.B.M. 工法亦有下列缺點：

　　1.設備投資金額大。

　　2.對地層變化之因應設施不易。

隧道挖掘機工法亦稱岩石隧道機 (Rock Tunneling Machine) 工法，簡稱 R.T.M. 工法。T.B.M 有切削方式與壓碎方式兩種（參照下圖 9-23）。前者亦稱圓筒形切削 (Drum Cutter) 方式適用於 700～800 kg/cm² 程度之軟岩石，其代表者有 Wohlmeyer 型機械。後者亦稱盤形切削機 (Disk Cutter) 方式，係如算盤珠狀之多數單獨切削機裝於一個大圓盤 (Cutter-head)，押住切削地層面，由於旋轉中之切削機擠剪力，將 1000～2000 kg/cm² 程度岩石剪斷而破壞之。最有名者為 Robins 型機。介於岩石與一般土壤間之地層挖掘有各種軟岩用 T.B.M.。如大約翰 (Big-John) 式、斯克特式 (Scott)、軟岩用 Robins 式等。

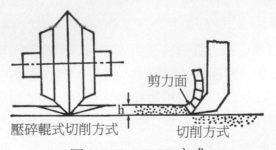

圖 9-23　T.B.M. 方式

　　另有所謂 Messer 工法，係利用特殊鋼板樁，以千斤頂壓入於地層之簡易潛盾工法也。

　　1. T.B.M. 作業

挖掘作業係由於 T.B.M. 之機械力進行，其切削機由鎢鈷鋼所製耐磨硬金

屬，惟遇堅硬地層時消耗甚大，其整備亦煩。挖掘後岩屑之搬出作業，可用大圓盤 (Cutter head) 式依其旋轉力，集中於周圍戽斗，用運輸帶等來搬出坑外。至於支保工及內面工大致與爆破挖掘差不多，在支保工裡多用噴射混凝土工法。良好地層者噴射五公分厚混凝土，有地壓者用簡易鋼拱支保工或併用鋼網 (Wire Net)，再噴射 20～30 cm 厚混凝土，或再以岩石螺栓加強。

　2. T.B.M. 工法之展望

高度堅硬岩石隧道挖掘，其切削機破碎力有一限度。因此首先軟化岩石，再採用 T.B.M.。茲詳述其岩石軟化方法於下：

　⑴噴水法 (Water-jet)：係以高壓噴射水柱 （約 1400 kg/cm^2） 沖碎岩石者。

　⑵利用高熱法：以高熱融解硬岩者：有

　　①火焰之噴射法。

　　②氫弧法。

　　③高周波電熱法。

　　④雷射法及電子光線法。

　⑶衝擊波傳播法：在液體中傳播衝擊波，應用於衝擊鋼鑽以擊碎岩石。

　⑷小球衝擊剪孔法：向岩石衝擊高速循環之鋼製小球而鑽孔者。

　⑸化學處理法：以化學作用破壞或風化岩石之法。

伍、海底隧道

海底隧道在挖掘作業上經過岩石，與山嶽隧道相似，但湧水多且逐漸增加，加強地層之破壞，其排水必須抽出，故多用潛盾法 (Shell Method)。其湧水量多，水壓在 3 kg/cm^2 以下時可用壓力工法，但水壓超過 3 kg/cm^2 時不宜用壓力工法，應事先用注入工法以壓制湧水。目前採用之湧水對策，首先進行鑿探 （約 200～400 m 深度） 推算其湧水處、水壓、水量，再充分灌注，使挖掘時不再湧水為止。

海底隧道防止湧水之灌注方法如下：

　1.回填灌漿：

在內面工背面與地層中必有空隙，因此在此填充空隙，多以水泥沙膠為之。

2.防水灌漿：

在湧水較多隧道中在其湧水通道上灌漿以阻塞其湧水者。對硬岩層之廣範圍裂縫湧水，應在挖掘前以高濃度之水泥漿 (Cement Milk) 用高壓灌注最有效。惟已開始湧水者必須以藥液灌注才有效。如在斷層破碎處者，應依其狀況灌注適當之水泥、水泥水玻璃或藥液等。

3.地層之固結灌漿：

係用於鬆懈地層之固結灌漿，無湧水著灌水泥，有湧水者先灌水泥水玻璃，阻止湧水後再灌注水泥為宜。

陸、城市隧道

原來隧道係貫穿山嶽，但近來為交通線網而發展城市隧道。在城市多係沖積層，故在土質地盤中進行隧道挖掘，隧道承受土壓，遂有所謂潛盾法 (Shield Method) 之施工方法，其他亦採用開削工法、壓力沉箱法等，就交通妨害、公害等計前者最好。

潛盾工法係 1818 年 M. I. Brunnel 所提供，於 1830 年 T. L. Conchrane 發明與壓力閘併用。實際使用係 1869 年 Thames 河底隧道 (Tower Subway) 工程，由 J. H. Greathead 與壓力法而開創。臺北市衛生下水道工程亦採用本法。

所謂潛盾工法係針對有湧水之軟弱土質地層而創造者，不僅一面防止湧水與土壤之崩坍，同時進行挖掘與內面工之施工方法也。潛盾工法，應有挖掘與內面工裝備之盾構 (Shield) 和作為一次內面工材之弓形 (Segment) 兩種。盾構可支承四周土壓，在前端進行挖掘，後端進行內面工而逐漸前進之。盾構構造由挖掘之帽蓋 (Hood)，中間之環圈 (Ring) 及內面工用之橡尾 (Tail) 所構成。在環圈部裝設盾構推進用之推進千斤頂 (Shield Jack) 與控制土壤一時土壓中之表面千斤頂 (Face Jack)。盾構有人工挖掘盾構與機械挖掘之機械盾構 (Machanical Shield) 兩種。

在良好地盤時帽蓋 (Hood) 部分可用開放者，但在軟弱或流動性地盤者應封閉帽蓋，而另設門戶，由此搾挖土壤以推進盾構之所謂封閉式盾構才能適用。

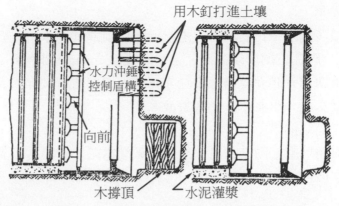

圖 9-24　克利特盾構 (Greathead Shield)

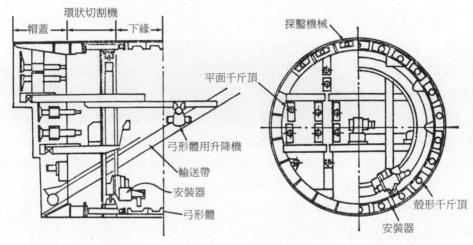

圖 9-25　人工挖掘盾構

　　有湧水之沙地盤或泥土地盤時可採用前面水壓加壓型盾構或泥水加壓型盾構。如防止挖掘崩潰者可採用傾斜式切削型盾構,僅在盾構中增加壓力用者可採用部分壓力型盾構。

　　在潛盾工法裡之內面工上有一次及二次之分,前者稱為一次內面工,所使用材料曰弓形 (Segment),有混凝土、鑄鐵、鋼等所製造之塊狀者,如下圖9-26 係鑄鐵弓形塊,圖9-27 係混凝土弓形塊。弓形除作一次內面工功用外,亦承受盾構前進力之反力。弓形接縫為防水計,多用特殊螺栓,如上兩圖中之關節接縫 (Knuckle Joint)。

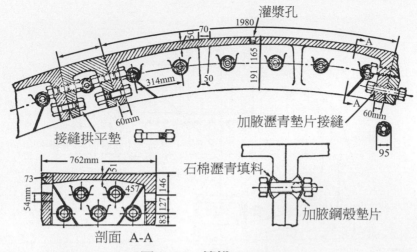

圖 9-26　鑄鐵 Segment

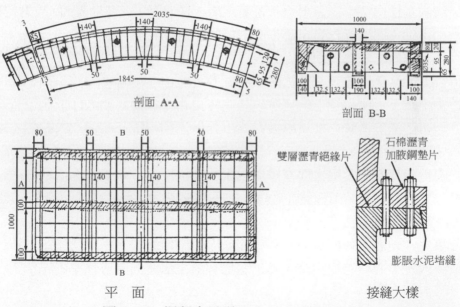

圖 9-27　混凝土弓形 (Concrete Segment)

　　為避免挖掘而鬆懈地層及阻礙交通計，可併用壓力工法於潛盾工法上。原則上採用圓形，但大型隧道可改用半圓形之屋頂盾構，如圖 9-28。壓力潛盾工法與壓力沉箱之壓力工法相似，其不同者，在後者係對地下水位之上、下方向，而前者係對左右方向，氣閘室 (Air lock) 與氣艙 (Airchamber) 之構造不同。

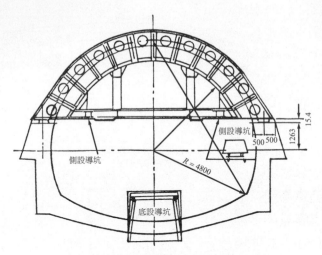

圖 9–28　屋架盾構 (Roof Shield)

　　潛盾工法中特別注意者係其覆蓋土層一般甚薄，影響地表面，故對挖掘、擋土、推進、回填等作業務必小心，控制其沉陷量。

　　壓力潛盾工法係內面工完成後再開始挖掘。作業中可能發生上下、左右蛇行（偏向）之困難，甚至機械本身旋轉，多由於地質不均質、盾構重心、千斤頂推進不一所引起；一旦發生後其修正相當麻煩，務必作好施工管理。

　　城市隧道除傳統之地下挖掘方式以外有下列兩種：

　　1.開削工法 (Cut and Cover Method)

　　自地表面作適當擋土而直接挖掘至所需深度，作好後將四周回埋者。適於覆蓋土層較淺時，工程費亦較廉，地下鐵路常用（臺北市地下鐵路就是）。

　　2.壓力沉箱工法

　　事先在地面上作好沉箱，逐漸下沉至所需深度，再以接縫連接而完成者。適於軟弱地盤或橫跨河川時。此工法係隧道工法，同時亦係基礎工法。

柒、水底隧道

　　在河川、湖泊、港灣浚渫其底層地盤，埋設大型預製管體作為隧道者稱之，日本本州與九州間之關門隧道、高雄市之過港隧道就是。如在海底以山嶽隧道方式挖掘構築隧道者應稱為海底隧道。水底隧道之代表性工法有沉埋

工法（Sunken Tube Method 或 Tubing Method），今略述於後（高雄市過港隧道之施工法就是本法）。

　　沉埋工法係陸上預製之隧道管體 (Tunnel Tube) 兩端臨時加裝水密性隔牆，並進水，拖曳至埋設處，徐徐下放於預先挖好作好之水底基礎上，然逐次連接隧道管體，在上面回埋者。隧道管體之每一節稱為沉埋管 (Tunnel Element)，有鋼製、鋼筋混凝土製、預力混凝土製等多種，其剖面有圓形（外圓，上下平及僅下平兩種）、外八角內圓形（上下平及僅下平兩種），並排雙圓形、並排雙方形、並排三角形、多方形等等，目前最大圓形直徑有 11.9 公尺，高雄過港隧道為雙方形，大小為 24.4 m × 8.0 m。

　　沉埋式隧道施設於水底，故水底地盤承受埋管自重及水壓兩種壓力，由於必然有浮力存在，故對地盤影響小。採用沉埋工法之條件大致如下：

　　1.水深宜在水面下四十公尺以內。

　　2.水中溝渠容易施工且價廉者。

　　3.流速緩和，可以安全裝設巨重之大沉埋管處。

　　4.不影響船舶之航行者。

　　沉埋管一般在船塢製造而拖曳至工地施放。工地應先行抽沙或浚渫，整平水底面，倘地盤惡劣者應在支承臺下施行基礎樁。施放埋設管時使用吊船，浮橋等吊放之。為加重計可用水或沙，甚至混凝土。各座埋設管之連結有多種方法，如高雄過港隧道用鋼板密封。最後為保護埋設管及防止其上揚（上浮）計，應進行回埋。

下圖 9–29 ⒜為荷蘭鹿特丹 (Rotterdam) 隧道剖面及基礎樁 ，⒝為美國 Bart (San Francisco Bay Area Rapid Transit) 隧道剖面 ，⒞為高雄過港隧道剖面。

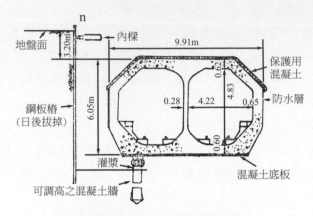

(a) 鹿特丹(Rotterdam)沉埋管

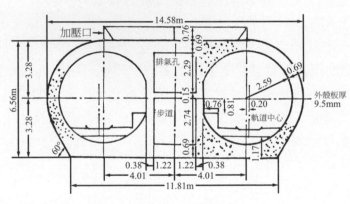

(b) 貝德(Bart)之沉埋管

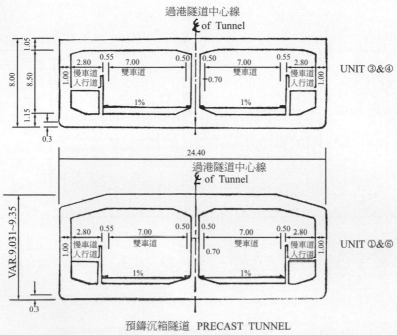

預鑄沉箱隧道 PRECAST TUNNEL
CH736.25 ~ CH1456.25
S = 1 : 200

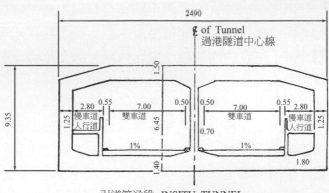

引道箱涵段 INSITU TUNNEL
CH580.50 ~ CH736.25
CH1456.25 ~ CH1622
S = 1 : 200

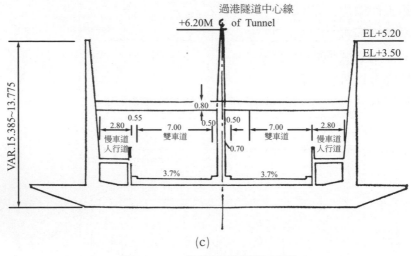

(c)

圖 9-29　高雄過港隧道剖面

第三節　襯砌工程

　　隧道之襯砌工程 (Lining) 亦稱內面工或覆面工，係支承隧道剖面周牆以保持其安全之結構體也。隧道地層為堅硬岩石者可省略之，但如有湧水或漏水者亦應施行內面工以防止之。防止湧水之內面工有兩種，一為在內面工背面作防水層，在內面工與地層間留出流水路，將地層湧水導引至隧道內之排水路而排洩，另一為在內面工與地層孔隙間，填充水密性材料以防止湧水。惟壓力隧道時務需同時考慮其壓力與漏水方可。

　　內面工施工分為正常襯砌與反常襯砌兩種。前者係先灌築側牆混凝土，然後灌築拱部混凝土。後者係先灌築拱部混凝土，後灌築側牆混凝土，宜由挖掘方式來選擇之。反之，亦可先定內面工施工方法，再決定挖掘方法。在地層惡劣處宜採用後者 (因安全且經濟)。混凝土多用場鑄 (舊式者曾用預鑄混凝土塊作內面工)。木造支保工不容許埋在混凝土中，故需要邊打混凝土，邊抽木造支保，但鋼拱支保工即可埋設混凝土中，且強度高，不僅係支保工，同時亦為一次內面工也。

內面工作業之一般如下：

1. 內面工模板

有木造組立式與鋼製活動式兩種。前者由拱模板、側牆模板等所組成，目前除特殊者以外已少用，詳見下圖 9-30。

鋼製活動式者有腹板可拆解，係用罩面板 (Skin Plate) 張貼者，亦有能通過已設模板內之套筒式模板 (Telescopic Form)，及不能通過之非套筒式模板 (Non-telescopic Form) 等三種。

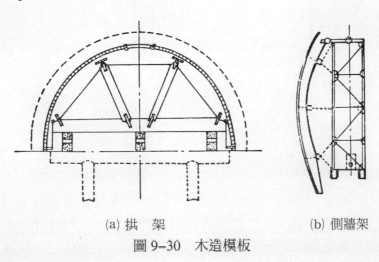

(a) 拱　架　　　　　　　　(b) 側牆架

圖 9-30　木造模板

2. 混凝土灌築作業

混凝土搬運機械以攪拌車為主，其灌築機械有下列各種：①混凝土幫浦，②混凝土灌築機，③壓縮混凝土。施工時應把握拱部與側牆接縫處，挖掘時亦應注意多餘挖掘，以避免混凝土浪費。內面工混凝土灌築與一般施工不同，在狹長坑內施工多不便 (與挖掘同時)，盡量分開挖掘與灌築作業在效果上較佳。

3. 內面工之厚度

內面工厚度並沒有理論可循，多根據過去經驗而定。在地壓較大處當然其厚度應厚些，一般內面工厚度之變化如下圖 9-31，大致上內面工厚係隧道每一公尺寬約為五至八公分厚度。

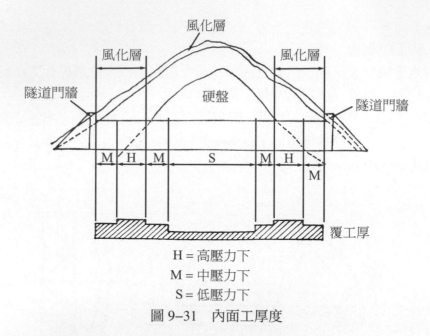

H = 高壓力下
M = 中壓力下
S = 低壓力下

圖 9–31　內面工厚度

4.背面之回填

　　為了消除隧道內面工背面空隙以防止隧道變遷及崩潰計，於內面工完峻後必須進行背面之回填。回填材料有乾燥沙、礫石、水泥沙膠、水泥漿等，以水泥沙膠最多用。施工機械多採用空氣壓縮機之 Caniff 拌合機或用柱塞幫浦之灌漿幫浦。

習　題

1. 隧道工程大約可分為哪些種類？試加說明。

2. 隧道工程均有湧水之虞，試說明之解決方法。

3. 試簡述岩石隧道之挖掘方法。

4. 試簡述軟弱地盤隧道之挖掘方法。

5. 何謂山嶽隧道？試簡述其爆破挖掘作業方法。

6. 簡述隧道之支保工之意義及施工方式。

7. 何謂 T.B.M. 工法？試比較其優劣。

8.試詳述海底隧道之防止湧水灌注方法。

9.試述城市隧道之施工注意事項以及何種施工法最佳？

10.何謂盾構工法？

11.何謂水底隧道？具代表性工法為哪一種？

12.試詳述沉埋工法之條件。

13.就工程上試述高雄市之過港隧道之施工。

14.試詳述水底隧道之內面工施工方法。

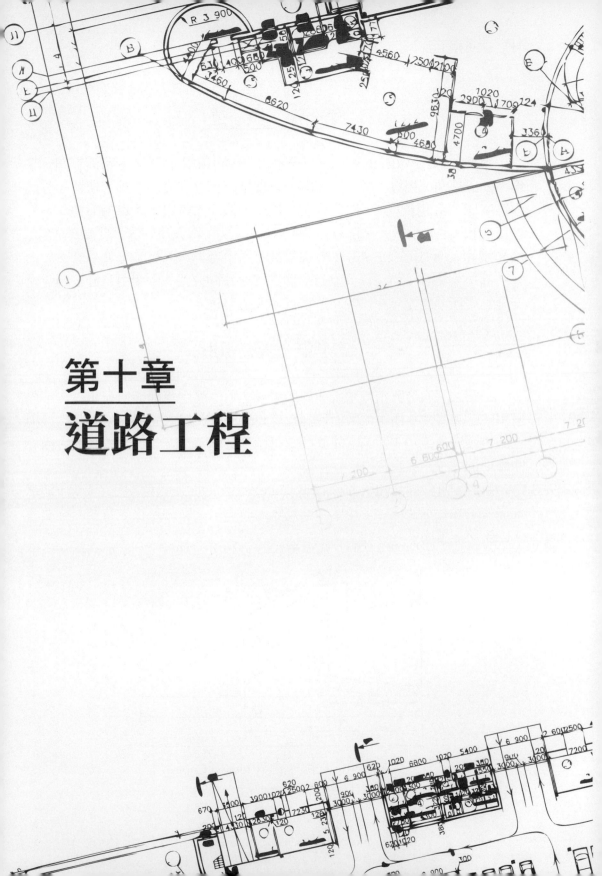

第十章
道路工程

第一節　概　述

　　道路亦稱公路 (High Way)，主要供給機動車輛之行駛，令路面寬闊、平坦、曲線緩和、視線（視距）廣寬，以促進行車之安全、舒暢、快速。因此道路路床、路盤之緊密、路面鋪裝之緻密、減少車輛震盪與車輪磨擦、路面坡度緩和、曲線半徑大（曲率小）減少車輪阻力、增大視線等，設置安全島、反光鏡等以增加行車安全等，有由設計上著手者，有由施工上著手者。

　　高速公路 (Free Way) 係沒有平面交叉之單向公路，中間由整條公路長之安全島帶所隔開並允許以較高速率行車之道路也。

第二節　道路線形

　　道路之平面形雖由直線與曲線所組成，但為適應車輛高速行車計，不僅由單純之直線曲線所組成，而進為自直線，回旋曲線 (Clothoid Curve)（亦稱克羅梭緩和曲線），圓曲線，回旋曲線再回至直線線形及省略直線線段之回旋曲線與圓曲線之組合線形。

　　所謂回旋曲線係曲線曲率 (Curvature) 比例於曲線長度增大之曲線，即車輛保持定速行車並以一定速度回轉駕駛盤時車輪之軌跡是也。有關回旋曲線之因素與記號如下（參照下圖 10–1）。

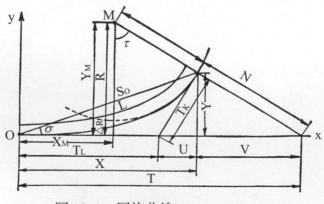

圖 10–1　回旋曲線 (Clothoid Curve)

上圖中

O：回旋曲線原點

M：回旋曲線上 P 點之曲率中心

OX：主切線（回旋曲線對原點）

A：回旋曲線之參數

X, Y：P 點之橫縱坐標

L：回旋曲線長度

R：P 點之曲率半徑

$\triangle$R：位移

X_M, Y_M：M 點之 X, Y 坐標

σ：P 點之極距

τ：P 點之切線傾斜角

T_K, T_L：短邊切線長與長邊切線長

$S_{\hat{0}}$：動徑

N：法線長度

U：T_K 對主切線之投影長

V：N 對主切線之投影長

T：$X + V = T_L \cdot U + V$

回旋曲線為方便計有現成弧線板曰回旋曲線板（請參照製圖儀器）可資應用。

採取回旋曲線有下列優點：

1.線形甚圓滑，紙上作業很舒適。

2.能適合各地形，節省土方，易避開補償物，對原有道路之改善亦方便。

3.與其他緩和曲線（如三次拋物線等）比較，有完整之數表可用，設計上施設上均方便。

4.片面坡度，加寬等可合理地進行。

5.在一定條件下可比單曲線取得較長之曲線長。

道路線形因素之各種組合情況大約如下：

1.基本型：如圖 10–2。

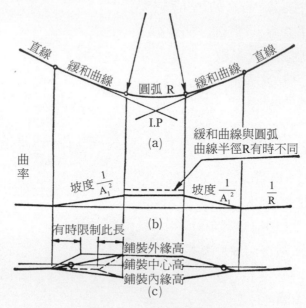

圖 10–2 道路轉彎曲線

2. S 型：如圖 10–3。

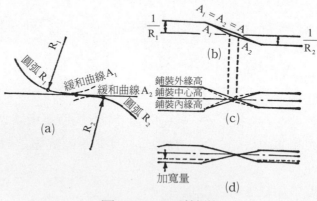

圖 10–3 S 型轉彎

3.蛋型：如圖 10–4。

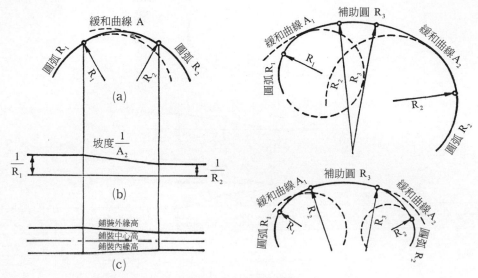

圖 10–4　蛋型轉彎

4.凸出型：如圖 10–5。

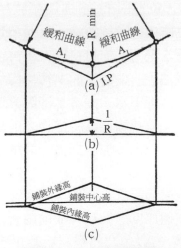

圖 10–5　凸出型轉彎

5.複合型：如圖 10-6。

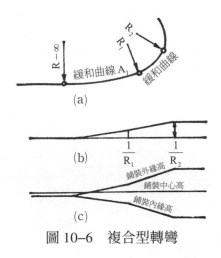

(a)

(b)

(c)

圖 10-6   複合型轉彎

第三節   路床及路基

　　道路路面鋪裝之優劣由於路床而定，宜先行土壤試驗或 C.B.R. 試驗瞭解該土壤性質。在由於路床土壤之固結而增進其支承力者當然應妥為進行施工，如多黏土質且含水量高之路床上逕行輾壓，反而招致支承力之減退，甚至無法施工。於此宜先降低含水量、添加材料等方法再行輾壓才有效。填土路床者愈靠近路床者用愈良好填土，使路床面上獲得均勻支承力為要。路床係路面鋪裝之基礎，故對雨水、地下水、浸透水等應有良好之排水，以免引起其支承力之降低。在橋樑、橋臺或箱渠等結構物之前端容易發生下沉，在回填或填土時應採用良好土質，並充分加以搗實，詳細部分請參照第二章土方工程。

　　路盤工程由於路床土表面設計 C.B.R. 為標準計算其鋪裝面厚度。鋪裝面厚度包括表面、基層及路盤厚度之總和，故前兩者決定後，路盤厚度就可定出。柏油路面時利用下圖 10-7，自路盤材料修正 C.B.R. 值後決定其鋪裝各部分厚度。

　　鋪裝之工程費，多由材料費所左右，故應盡量採用當地材料以資節省。如遇寒冷地區應調查其凍結深度，並比較設計之鋪裝厚度和採用較厚者。有時為防止路床水分之上升計另設一遮水層。

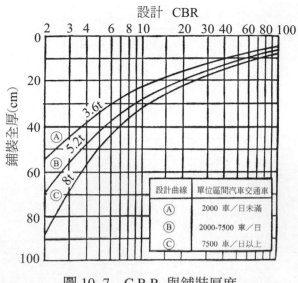

圖 10–7　C.B.R. 與鋪裝厚度

　　路盤一般分為上層與下層路盤，後者多利用當地材料，其修正 C.B.R. 值約 20 至 40，如係黏性而含水量多或地下水位高時，為防止路盤浸水計在最下層鋪約十公分厚之沙，則相當有效。在路床沙層之施工中不可搞亂均勻砂層，所以應採用輕型機械，或先鋪上十公分厚砂，俾確保車輛可走性，上下同時輾壓妥為施工。上層路盤係分散交通載重，故在鋪裝各部中極重要，宜採用不受含水量變化及凍結融解之材料施工，使得均勻之充分支承力。上層路盤多用碎石，但應使用調整顆粒好之礫、沙及細粒混合物之級配材料。

　　路盤之整地，材料混合及搗實方法如下：

　1.混合工法

　　所得材料顆粒之細粒度要符合設計者，否則添加適當材料彌補之。於此為混合不同材料計採用路上混合法、移動工廠法、中央工廠法等施工方法。前者利用平土機或圓盤將廣布於道路上材料混合，需要相當功夫才能混好。搗實時需要最適含水量，加水時應先行混合後才灑水，然後再度混合後搗實之。施工機械多用碎石輾壓車、膠輪輾壓車，輾壓厚度每層約十公分，下層之輾壓宜用羊轅輾壓車較有效。中者施工法係使用穩定器 (Stabilizer) 混合材料較均勻，優於路上混合法。後者施工法在水分與材料混合可作充分之管理，但如工地條件不善時費用太高為缺點，多採用捏拌機 (Pugmill Mixer)。下圖 10–8 係平土機混合法。

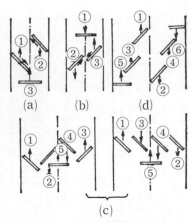

圖 10-8　平土機混合方法

2.碎石工法

本施工法介於撓曲性與剛性中間，由於路床下陷而易破壞且不容易修正平坦為缺點，多用於上層路盤。其施工方法又分為水搗實工法、空搗實工法、未篩碎石工法等。

第四節　安定處理

道路路床路盤之安　(穩)　定用水泥安定處理，通常稱為水泥土 (Soil-Cement)，多用於上層路盤或基層。在路床採用時係該土壤軟弱，施工機械難以行走，故為確保其可走性計而施行水泥土處理，其添加材有時用石灰。水泥土所用材料宜參拌某程度粗骨料為佳。如含有游泥或黏土多量材料者因需要多量水泥而不經濟，又自然含水量多者其粉碎及混合不易，故不適當。一般所用土壤黏度界限如

$$0.4 \geq \frac{通過\ \#200\ 篩\ (0.074\ mm)\ 數量}{通過\ \#30\ 篩\ (0.59\ mm)\ 數量} \geq 0.15$$

範圍內者，其所需水泥量可較少數就可進行安定處理。

水泥土 (Soil Cement) 之施工有三種，其優劣點如下：

1.工地混合法

優點：⑴設備簡單、價廉、容易搬運。

　　　⑵所需機械可按工程規模大小來取捨。

　　　　(3)施工快速，同時可進行搗實。

　　　　(4)有大量施工能力且能持續。

　　　　(5)混濕時所蒸發後過剩水量之排水，可預料。

　　缺點：(1)施工機械深度難以適應所有深度，均勻厚度之處理亦難。

　　　　(2)其混合與其他方法比較，較不均勻。

　　　　(3)遇強雨時招致全面性破壞。

　　　　(4)乾燥期由於蒸發而減少水分之防止不易。

　惟上述缺點如用高價不易搬動之大型 P&H 型穩定器 (Stabilizer) 施工則可避免。

　　2.移動設備式

　　優點：(1)附加水可以正確配合。

　　　　(2)可均勻地混合。

　　　　(3)可做出均勻路床面，深度處理之調整容易。

　　　　(4)對工廠與勞力之固定費用，可創造最高施工能力。

　　缺點：(1)設備費用高昂。

　　　　(2)需要創造工作效率之計畫。

　　　　(3)組成設備一小部分零件之一旦故障，即中斷施工。

　　3.固定設備式

　　優點：(1)配合正確。

　　　　(2)處理厚度之調整正確。

　　　　(3)可使用混凝土拌合機（捏泥機最佳）。

　　　　(4)混合及搬運中之含水量變化較小。

　　　　(5)因使用模板，施工甚便。

　　缺點：(1)處理工地土壤並不經濟。

　　　　(2)搬進材料必須加以搗實。

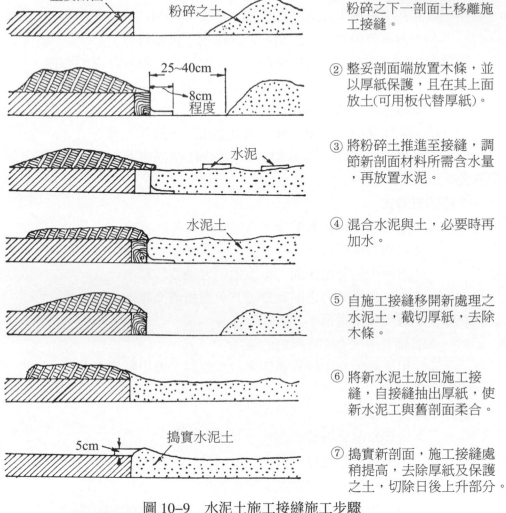

① 將整妥剖面截切直角,將粉碎之下一剖面土移離施工接縫。

② 整妥剖面端放置木條,並以厚紙保護,且在其上面放土(可用板代替厚紙)。

③ 將粉碎土推進至接縫,調節新剖面材料所需含水量,再放置水泥。

④ 混合水泥與土,必要時再加水。

⑤ 自施工接縫移開新處理之水泥土,截切厚紙,去除木條。

⑥ 將新水泥土放回施工接縫,自接縫抽出厚紙,使新水泥工與舊剖面柔合。

⑦ 搗實新剖面,施工接縫處稍提高,去除厚紙及保護之土,切除日後上升部分。

圖 10-9　水泥土施工接縫施工步驟

水泥土安定處理之施工接縫,其施工步驟如下(參照圖 10-9 ①至⑦)。

①已整修完剖面一端截切直角,使其離開已粉碎之下一段剖面接縫。

②放置一木料於已整修完剖面一端,木料宜以厚紙保護,紙上放置土壤保護。亦可用木板代替厚紙。

③粉碎好之土壤放回接縫上,調整新剖面材料含水量至所需數值,然後放置水泥。

④混合土與水泥,需要時再加水。

⑤將新處理過之水泥土移開施工接縫，切斷厚紙並除掉木材。

⑥將新水泥土回填於施工接縫，並自接縫將厚紙捲上來，令新之水泥土與舊剖面相融合。

⑦搗固新剖面，施工接縫處可稍為提高，除取厚紙和保護用土壤，日後再刪除高出部分土壤。

安定處理亦可用瀝青系統添加材料，如稀釋瀝青 (Cutback-Asphalt)，瀝青乳劑、柏油等，其使用目的不外為提高防水性，防止凍結，以保持路床路盤之安定。又如在已有砂礫道路上以機械處理，添加瀝青料作其安定處理之所謂簡易或低造價道路 (Lowcost Road) 亦屬之。在自然含水量較高地區因瀝青添加物之混合困難，液體瀝青加在土壤對土壤結構度有害（降低強度）等而難以有效利用，但在乾燥地區或砂質土即有效。

稀釋瀝青如加界面活性劑，即增加土顆粒間融和性而增加強度，吸水膨脹率，但在多雨潮濕地區宜詳加考慮。

乳劑之使用宜考慮乾燥度，加上 3～5% 水泥以促進乳劑之分離，並由水和作用吸收土壤自由水，以增加處理後土壤之強度。

柏油處理對土壤浸透性甚優，故對潮濕土壤耐用，但露出部分容易老化，不得不注意。

至於其他安定處理有下述諸種，惟目前尚未成熟。

⑴樹脂系統：天然樹脂、合成樹脂。

⑵木質素系統：木漿廢液、氯化木質。

⑶其他：氯化鈣、有機正離子材、硅、桐油等。

第五節　鋪裝工程

道路路面鋪裝可分為柏油（瀝青）鋪裝與混凝土鋪裝兩種，如下圖，茲敘述於後：

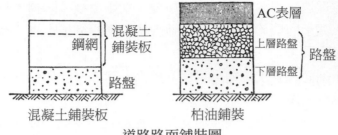

道路路面鋪裝圖

一、瀝青鋪裝 (Asphalt Pavement)

瀝青鋪裝有三種

1.混合式工法：有加熱混合式工法，包括粗粒度瀝青混凝土、密粒度瀝青混凝土、杜倍卡 (Topeka)、修正杜倍卡、片狀瀝青。有常溫混合式工法，包括預塗層碎石 (Precoat-Macadam)、碎石骨材式、密粒度骨材式。有路上混合式工法，包括碎石骨材式、密粒度骨材式。

2.浸透式工法：有加熱浸透式工法及常溫浸透式工法兩種。兩者包括瀝青碎石、柏油碎石。後者包括瀝青乳劑工法、稀釋瀝青工法、柏油工法。

3.特殊工法：包括 Warrbit 工法、瀝青碎石混合工法、流入瀝青工法（有流態混凝土、石油瀝青砂膠）、止滑工法、瀝青砂工法、天然瀝青工法及油質砂工法。

下圖 10–10 (a)～(g) 係各種瀝青鋪裝剖面：

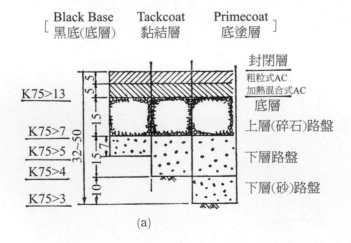

(a)

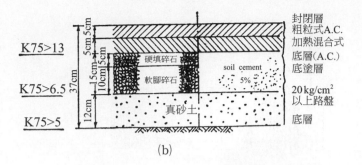

(b)

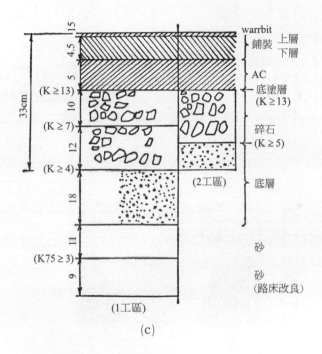

(c)

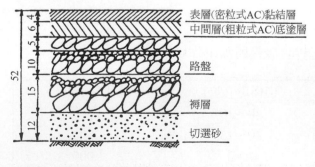

(d)

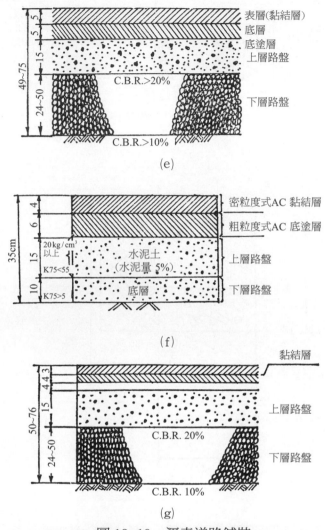

圖 10-10　瀝青道路鋪裝

瀝青鋪裝之拌合設備所需工作場地大約如下：

工作量 (t/hr)	場地大小 (m²)
40～30	3,000
20～15	1,500
7～5	1,000

選擇工作場地時應注意如下事項：

1. 靠近鋪裝工地，至少搬運卡車路程在一小時內，最好在三十分鐘內。

2. 卡車出入要方便。

3. 引進動力，用水要方便。

4. 不致有噪音、振動、塵灰、煙火而影響附近民家之場所。

下圖 10–11 係一瀝青設備 (20 t/hr) 之配置圖。

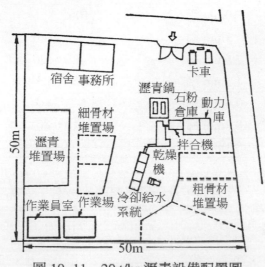

圖 10–11　20 t/hr 瀝青設備配置圖

　　自骨材貯藏處至送料器間之骨材搬運，如兩處連在一起者可採用推土機 (10 T 者 30 m³/hr 骨材，5 T 者 15 m³/hr 骨材) 和刮土機。兩處相離開者用抓斗、動力鏟、鏟斗裝載機等。

　　瀝青鋪裝之混合物鋪設方法分為三大類：

　　1. 瀝青整修機 (Asphalt-finisher) 法：係自動式，有爬行與輪胎式兩種，其搗實方式以羊腳輾及振動式進行。由於機械施工，可作輕度搗實且連續進行，比較理想，適於大面積之鋪裝。

　　2. 瀝青攤鋪機 (Asphalt-Spreader) 法：係牽引式，分為前輪式與後輪式，由輾壓、振動、帶攪拌裝備、帶式加料機等進行搗實。本法可換為機械鋪設，倘加上人力效果更佳，施工效率優良。

　　3. 人工法：利用各種耙 (Rake) 來鋪裝，需要相當熟練之技工。

二、混凝土鋪裝 (Concrete Pavement)

道路之混凝土鋪裝，其所用骨料之標準粒度如下表，其通過 0.3 mm 及 0.15 mm 篩孔之最小量，在普通混凝土 (310 kg/cm^2) 及輸氣混凝土 (280 kg/cm^2) 中各為 5% 及 0%。

混凝土鋪裝細骨料粒度標準

篩孔大小	通過篩孔之重量 (%)
10mm 篩	100
5mm 篩	95～100
2.5mm 篩	80～100
1.2mm 篩	50～85
0.6mm 篩	25～60
0.3mm 篩	10～30
0.1mm 篩	2～10

混凝土鋪裝粗骨料粒度標準

篩孔尺寸 (mm) / 粗骨材大小 (mm)	通過篩孔之重量比 (%)								
	60	50	40	25	20	15	10	5	2.5
5～50	100	95～100		35～70		10～30		0～5	
5～40		100	95～100		35～70		10～30	0～5	
5～25			100	95～100		25～60		0～10	0～5
5～20				100	90～100		20～55	0～10	0～5
5～15					100	90～100	40～75	0～15	0～5
25～50	100	90～100	35～70	0～15		0～5			
20～40		100	95～100	20～55	5～15		0～5		

骨材中細微顆粒太多時混凝土之使用水量增加，使混凝土表面形成脆弱之多孔質表層，有害混凝土之強度與耐久性，加一些硅質材料可增加強度與耐久性。有淤泥、黏土骨材或黏土塊對混凝土鋪裝均有危險，應避免之。粗骨材亦應避免細長片或薄片。

混凝土鋪裝中其接縫片所用材料必須為不妨礙混凝土膨脹且施工中不致歪變者，故其材料性質應具備下列各項：

1. 質料均勻者。
2. 不變質者。
3. 吸水性、透水性小者。
4. 溫度變化小者。
5. 容易施工者。
6. 與混凝土能夠密接者。
7. 對混凝土伸縮能夠自由變形，且復原率高者。

接縫片大小之容許誤差，在 10 mm 厚以上者為 ±2 mm 以下，在 10 mm 厚以下者為 ±1 mm 以下，寬與長應在 ±1% 以內。

至於灌注接縫材料宜順應混凝土板伸縮，密接於混凝土，不溶於水、不透水，高溫時不流出，低溫時能承受衝擊且耐久者，如在航空站者更需耐油性。

混凝土鋪裝之豎向接縫間隔以 3～4 m 為標準，2.5 m 以下者不佳。深填土或不良地盤者改用繫桿 (Tie-Bar)，多用 13 mm Ø，1～1.2 m 長之圓筋，放在板中央，間隔約 60～75 cm 為宜。

混凝土鋪裝之接縫構造參照下圖 10–12：

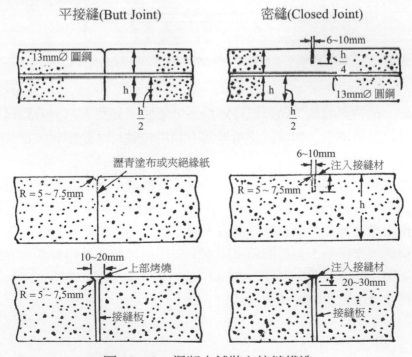

圖 10–12　混凝土鋪裝之接縫構造

　　混凝土鋪裝之橫向接縫有膨脹接縫與收縮接縫兩種。前者由於施工時溫度及其後溫度變化而定,間隔約 15～30 m,倘條件良好工地可以鋼網補強作成 100～200 m 之長跨度。接縫寬 10～20 mm(勿超過 25 mm),如併用止滑桿 (Slip Bar)、暗銷桿 (Dowel Bar) 更佳。後者多用密縫 (Closed Joint) 和平接縫 (Butt Joint),再加止滑桿最好,其間隔係 4～6 m,如鋼網加強者可達 10 m,如以鋼圈加強者可達 30 m。下圖 10–13 係收縮接縫之一般。

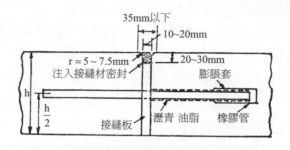

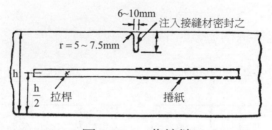

圖 10–13　收縮縫

　　混凝土鋪裝接縫施工時,該接縫片不可鬆懈,如垂直方向有傾斜者在溫度變化時可能被擠上,如設置止滑桿時應利用止動片、軌座等防止其變位而施工之。

　　混凝土鋪裝表面之最後加工裝修分手工及機械兩種。前者在混凝土搗實後立刻以模板夯具 (Templet Tamper) 或簡便修整機作初步整修,至混凝土面水消失後用掃笆等作最後整修。後者先用混凝土用砂紙擦平混凝土面,再以混凝土整修機作修整,等待混凝土面水消失後用掃笆作最後修整,表面不可超過 5 mm 之凹凸不平。

　　道路交叉地點之接縫位置大致如下圖 10–14。

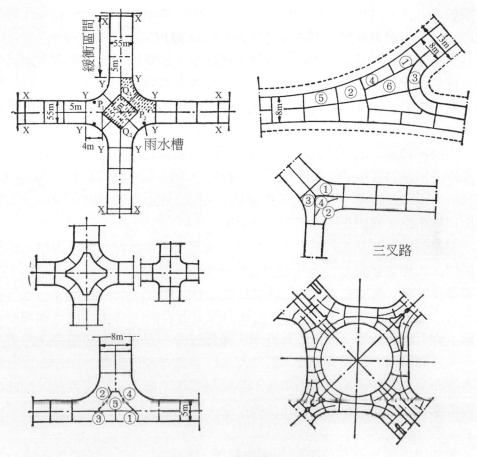

圖 10-14　瀝青鋪裝之修護

混凝土鋪裝面有時加鋼筋以增加支承力及抵抗伸縮。

第六節　道路鋪裝養護及修理

一、瀝青鋪裝

　　瀝青鋪裝路面之破壞不外乎：剝落 (Delamination)、軟化、滑移、龜裂、下陷、波浪化。其原因由於路床路盤之不均勻、凍結、軟化、支承力不足以及鋪裝層材料之缺失及施工不當。因此補修破損鋪裝時首先瞭解其原因及程度，刪除原因，選擇適當施工方法以恢復其破損狀況。

　　對老化情況之修繕，最簡單者先清掃路面，上面滲以瀝青乳劑、稀釋瀝

青或柏油 (0.5～2.0 ℓ/m^2) 而分解之，上面再以沙或細砂石 (5～20 kg/m²) 均勻散布。一般以瀝青乳劑、稀釋瀝青布設 2.5 cm 厚以下之路面處理。

對剝落者應將其完全清除，清掃後補修之。如係因老化而剝落者應再作如上述老化之處理，如係由水而引起者應作排水處置。

對坑洞 (Pot-Holes)，可仿照剝落處理，如仍破損者應刪除不良路盤後再修繕之。

對滑移破損之簡單處置應清洗路面後散布瀝青乳劑 (1.0～2.0 ℓ/m^2)、稀釋瀝青或柏油 (1.0 ℓ/m^2)，立即以堅硬有稜角之 10～5 mm 碎石 (10～20 kg/m²) 均勻散布而加以輾壓。一般可用木餾油 (Creosote Oil) 或輕油 (0.3 ℓ/m^2) 散布路面以軟化之，然以止滑鋪裝混合物張貼。

對龜裂應以填充法封閉之，再觀察其龜裂之進行狀況，如不再擴大者重複封閉，否則應刪除之，自路盤開始重新整修。龜裂在 3 mm 以下之填充法可用瀝青乳劑、稀釋瀝青或柏油滲透後散布沙，如在 3 mm 至 10 mm 龜裂者先除去已破碎部分後填進沙與 3% 之稀釋瀝青混合物，在上面浸透稀釋瀝青後填上混合物而封密，或以瀝青乳劑、稀釋瀝青、瀝青等封掉龜裂之一半，另一半用碎石填充後充分搗實，最後再加一層瀝青面作表面。10 mm 以上龜裂者應充分清洗乾燥後以碎石填充一半並搗實後用瀝青、瀝青乳劑、柏油或稀釋瀝青填注，且用細骨材浸透而整平之。倘龜裂太大者宜清掃後進行黏結層 (Tack-Coat) 之施工（盡量採原鋪裝之材料）。

對於變形龜裂在翻修表層前應作壓漿 (Mudjacking) 或封底 (Subsealing) 等加強。或以強力之環氧 (Epoxy) 樹脂類之黏著劑將混凝土龜裂及接縫固定，但成本相當高。

有時龜裂發生網狀者，如已經安定時用填充法，由於路盤原因時應切除，如老化時應依老化處理之。

對於下陷路面如已穩定者用補修 (Patching) 法埋好下陷之孔穴，如未安定者應切除再翻修之。

如路面軟化或波浪化，對前者依其軟化程度（可用貫入量）散布碎石壓入鋪裝面中再輾壓，或重複撒布碎石輾壓。對後者先明瞭其成因，如係表面則用路面加熱器 (Road-Heater) 或稀釋瀝青散布於路面以軟化之，再以刮路機整平路面再作軟化之處理。波浪化之原因在路床路盤兩者時應全部翻修，並考慮排水。

二、混凝土鋪裝

混凝土鋪裝面缺失有接縫材料之缺陷、接縫料之流失、接縫之開裂、接縫附近混凝土板之破損、裂痕、磨損、破損、不平、滑移、全面破壞等。其補修方法如次：

對接縫材料之缺陷及開裂應清掃接縫中沙石，如灰塵應抽除，乾燥後用噴燈 (Torch Lamp) 弄乾混凝土面，以灌注器將加熱之灌注材料填充（勿流出接縫表面），灌注材料多以沙膠瀝青 (Asphalt Mortar) 或吹製瀝青 (Blown Asphalt)。

自接縫中流失填縫材料應刪除至路面水平。

有裂痕者可依接縫缺陷處理，如太狹者用液體瀝青灌注後粗沙撒布。倘嚴重裂痕時用三公分以上瀝青混合物覆蓋全面，如交通量大者宜改用瀝青混凝土。

如有磨損應充分清理表面並乾燥後用 1.5 cm 厚沙膠瀝青覆蓋，最好先塗一層瀝青乳劑以增加其上下之黏接效果，其使用量約為 0.5 ℓ/m^2，太多反而不佳。

對破損，應將混凝土鋪裝面以方形或菱形切除再重打混凝土。切除時應垂直並距表面 5 mm 就可。

混凝土路面如產生 35 mm 以下凹凸不平時可利用壓漿泵 (Mudjack) 或封底 (Subsealing) 將混凝土板下空隙或空洞填滿，以提升下陷之混凝土板，惟路盤不良者效果不好。相差 35 mm 以上之不平路面時利用瀝青混凝土或沙質瀝青 (Sheet Asphalt) 等混合物平坦鋪設。

對於滑移宜以瀝青混合物全面覆蓋，較簡易者可用瀝青乳劑或瀝青散布 (1.0 ℓ/m^2)，然以 2～5 mm 碎石或粗沙均勻撒布之 (0.003 m^3/m^2)。

倘係全面性破壞，應將整塊混凝土板撤除，有必要時甚至將路床路盤重新鋪裝。

第七節　排水工程

　　道路之破壞直接或間接地多由水而產生，故排水問題在構築道路中占重要關鍵，道路之排水分路面與地下排水兩種。

一、路（表）面排水

　　為防止道路路面水之停留或豎向流逸計，應作路面橫坡度以排洩路面水。普通鋪裝面應作 1.5～2% 之橫向坡。路面水流集邊溝再由集水口引導至附近河川或排水溝。邊溝有多種，其中 U 型及 L 型邊溝最常用，前者用鋼筋混凝土，後者多用預鑄混凝土製造，參照下圖 10–15。

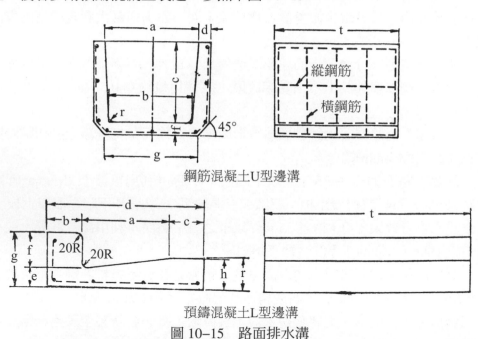

鋼筋混凝土U型邊溝

預鑄混凝土L型邊溝

圖 10–15　路面排水溝

二、地下排水

　　地下排水用於路床浸透地下水之截斷及地下水位之降低。在挖土部分一面防止高地浸透水之截斷外，同時降低道路用地中之地下水位，故在路肩應設地下排水設施。其位置應使水位在路面下至少有六十公分深度。一般用之地下排水設備如下圖 10–16。

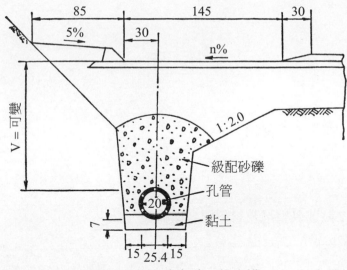

圖 10–16　路旁地下排水溝

　　填土道路如國道一號高速公路除由邊溝排水至坡槽再引至邊坡底排水溝。地下排水亦可同時採用。下圖 10–17 係該公路之排水設施實例。

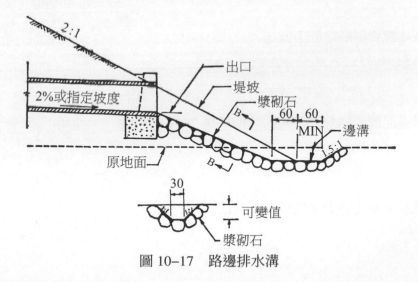

圖 10–17　路邊排水溝

習　題

1. 何謂回旋曲線？有何優點？

2. 何謂路盤？試述其整地及材料混合與搗實方法。

3. 何謂水泥土？有何功用？試詳述其施工方法。

4. 試簡述瀝青鋪裝之施工方法。

5. 試簡述混凝土鋪裝之材料應具備性質。

6. 試簡述混凝土鋪裝之接縫施工方法。

7. 道路鋪裝路面何以破壞？原因何在？試簡述其補修方法。

8.道路何以要作排水工程？有哪幾種排水方法？

9.試解釋下列各項：
　⑴封底　⑵沙膠瀝青　⑶補修　⑷坑洞

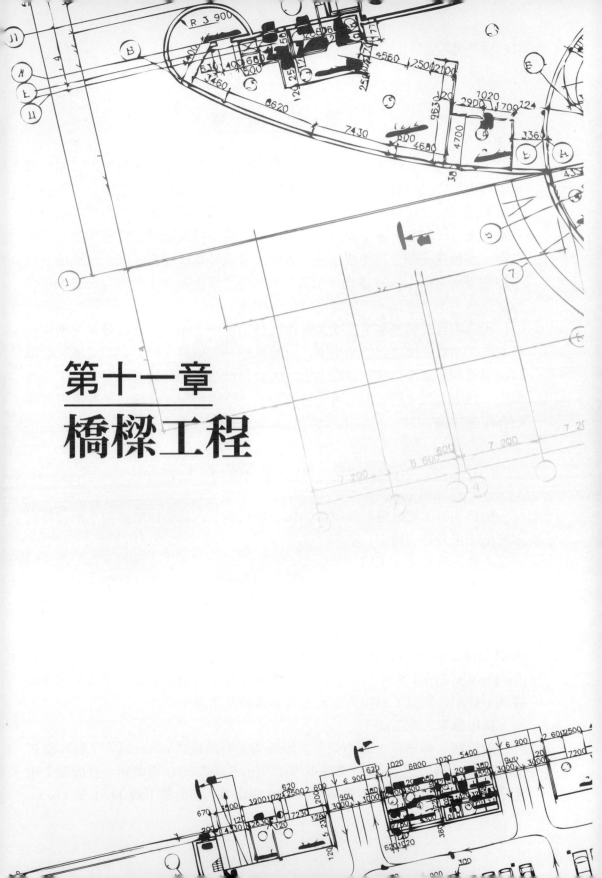

第十一章
橋樑工程

第一節　概　述

土方工程、基礎工程、隧道工程等等均對天然地盤作人為加工，如混凝土工程係以人工材料在工地直接構築結構物。至於橋樑工程之組立，架設係以廠製或場製結構材在工地作組合作業為主體。橋樑之組合架設異於隧道、基礎、土方、混凝土等工程之不外用「土」或「混凝土」之易穢作業之土木工程，而係有光彩之高鷹架作業，需要高超之特殊技術方能施工。橋樑多以一整個構體 (One piece) 處理，相當重，需要力學上顧慮，於組合架設中在在需要結構力學之應用，否則容易發生大事故。

橋樑組合及架設在第二次大戰後有長足進步，如架設機械容量之增大，有 500～1000 公噸之起重船出現，可將橋樑一次架設一節而次第完成，如關渡鋼拱橋利用潮汐以拖船架設上去，假設材料多由鋼料代替，盡量在工廠作焊接，減少工地之鉚釘施工等，再有新工法陸續出現，長橋、吊橋等特殊橋樑亦可施工矣。

第二節　組合及架設施工法

由於架設工地之自然狀況，橋樑上部結構型式及結構體種類，組合架設之施工法可分為三種：

1. 使用鷹架之施工法。
2. 不使用鷹架之施工法。
3. 併用鷹架之施工法。

另由於上部結構之材料不同（或鋼，或混凝土）施工方法亦不同。且鋼橋中上部結構用樑板式 (Girder Type)、桁架式 (Truss Type)，或吊橋式 (Suspension Type) 其施工法也不同。採用混凝土時鋼筋混凝土型式者應為場鑄，不必組合架設，但預力混凝土者亦得組合架設。

一、採用鷹架之施工法：

鋼板樑、鋼構樑、預力橋等之組合架設有踏板式 (Saddle)、工作平臺式 (Stagging)、排架式 (Bent)、安裝桁架式 (Erection Truss) 等鷹架，在鷹架上用起重機 (Derrick) 或高架起重機 (Goliath) 來組合，請參照下圖 11–1 至 11–3。

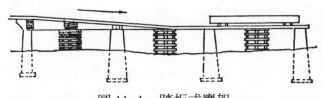

圖 11-1　踏板式鷹架

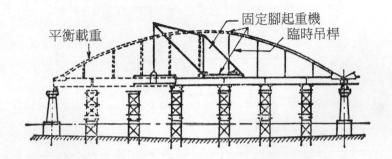

圖 11-2　排架鷹架

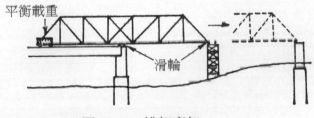

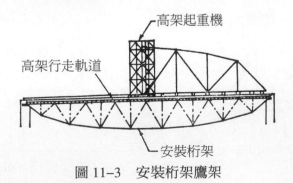

圖 11-3　安裝桁架鷹架

二、不用鷹架之施工法：

本法可發揮組合架設之高超技術，茲略述於後：

1.鋼板橋樑：

⑴手推式：如圖 11–4，用手推車 (Trolley) 推出者。

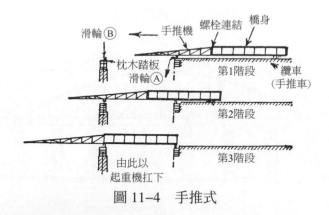

圖 11–4　手推式

⑵連結式：如圖 11–5。

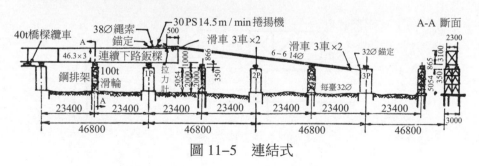

圖 11–5　連結式

⑶起重機式：如圖 11–6。

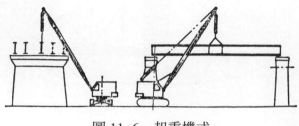

圖 11–6　起重機式

2.鋼構橋：

⑴懸臂式 (Cantilever Type)：如圖 11-7。

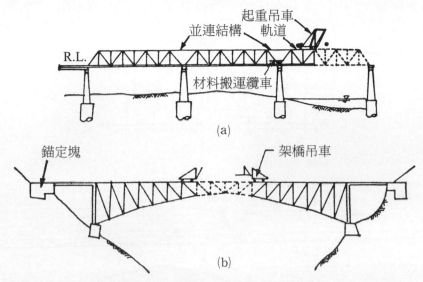

圖 11-7 懸臂式 (Cantilever Type)

⑵繩索式 (Cable Type)：如圖 11-8。

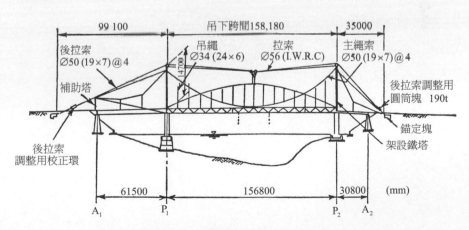

圖 11-8 繩索式 (Cable Type)

⑶浮船式 (Pontoon Type)：如圖 11-9。

　臺北淡水河上關渡大橋（拱橋）即是，但不用起重機，係利用駁船趁高潮時將橋體移至橋墩上，俟退潮後安裝於橋墩上，駁船再退出。

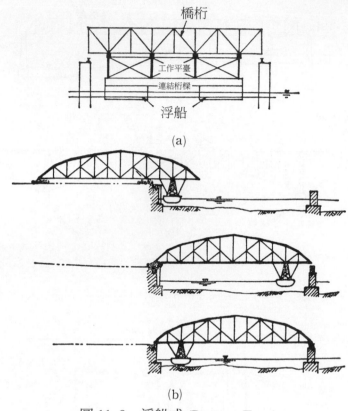

圖 11-9　浮船式 (Pontoon Type)

⑷移動排架式：如圖 11–10。

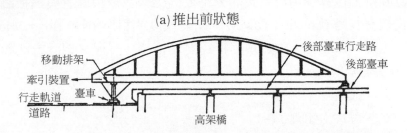

(a) 推出前狀態

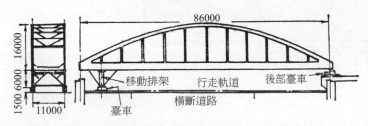

(b) 推出後狀態

移動排架式

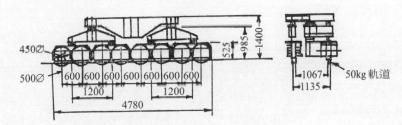

移動排架用特殊手推車

圖 11–10　移動排架式

3.預力橋：

預力混凝土橋甚少用桁架式而多為板橋結構。短跨度者與鋼板橋相同採用手推式或安裝塔 (Erection Tower)，如長跨度或箱形桁樑 (Box Girder) 者因每孔重量比鋼桁樑要重，故必須用特殊安裝桁架。一般之架設方法如下：

(1)短跨度者：

　①手推式。

　②安裝塔式：如圖 11–11。

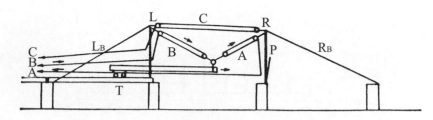

圖 11–11　安裝塔 (Erection Tower)

(2)長跨度者：

　①架設桁架式：如圖 11–12。

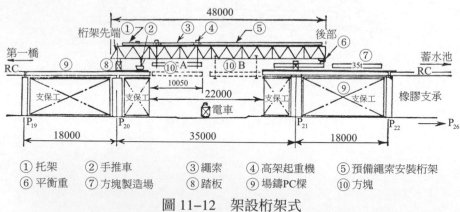

①托架　　②手推車　　③繩索　　④高架起重機　　⑤預備繩索安裝桁架
⑥平衡重　⑦方塊製造場　⑧踏板　　⑨場鑄PC樑　　⑩方塊

圖 11–12　架設桁架式

　②懸臂樑式或迪威特式 (Dywidag Method)，如圖 11–13 與 11–14。

　倘跨度甚大時可採用在工作平臺之鷹架上組合分割塊與採用安裝桁架架設兩種，其接縫處多用樹脂接著劑。

預壘塊之架設

桁架之前進

橋墩上支點之置換

斷面 A-A

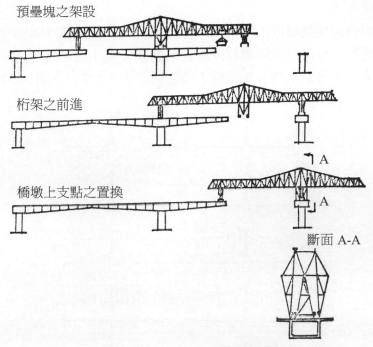

圖 11-13　架設桁架之懸臂樑式

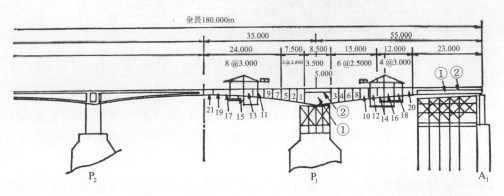

圖 11-14　懸臂樑式 (Dywidag Method)

4.吊橋：

吊橋組合用架設塔依主繩索 (Main Cable) 及電纜繩索 (Hanger Cable)，補鋼樑順序進行。長距吊橋時應特設架設用鷹架，其主繩索採用工地製造之平行鋼線繩索。大跨距吊橋之架設施工法大致如後：(參照下圖 11-15)

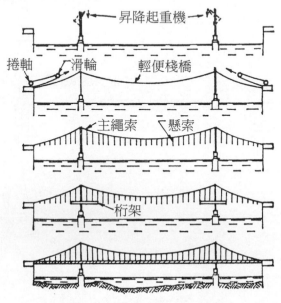

圖 11-15　吊橋之架設步驟

⑴先組立塔柱：先組立吊橋主塔（用起重機）再組立塔柱。

⑵穿進導向繩 (Guide-Rope)。

⑶組好繩索鷹架，在主繩索最後懸吊位置下面，利用導向繩架設作業用繩索鷹架。繩索鷹架應以數根粗鋼索穿進，再張貼鐵絲網或木板而組合之，同時為安全計應作扶手或防風繩索。

⑷主繩索之穿裝：順沿導向繩，在主繩索錨定兩主塔頂部與兩岸主繩索錨定間，在繩索鷹架上將繩索搬運器 (Cable Carrier) 往復來回抽出主繩索中鋼索安裝。

⑸纜繩卡箍 (Cable Band) 之裝設：穿引繩索數達需要量後在下吊樑位置裝設纜繩卡箍，綁緊主纜繩。

⑹吊繩 (Hanger-Rope) 之裝設：在各纜繩卡箍下裝設懸掛橋樑桁樑之吊繩。在纜繩卡箍間之主繩索應作保護層施工。

(7)在橋樑桁樑上裝設橋面板，完成全部架橋作業。

三、併用鷹架之施工法：

如排架鷹架容易施工時，視其為臨時橋墩以縮小跨距，使鋼構橋、預力橋之架設作業均能輕易地進行。如圖 11–16 (a)之架設桁架起重機式及(b)之排架起重機式，圖 11–17 係排架繩索式。如排架不便時可作架設桁架起重吊車式（圖 11–18）。

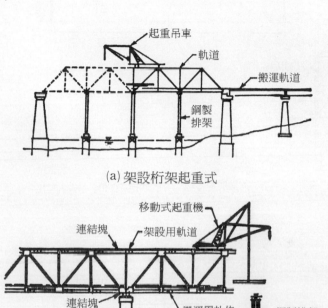

(a) 架設桁架起重式

(b) 排架起重式

圖 11–16

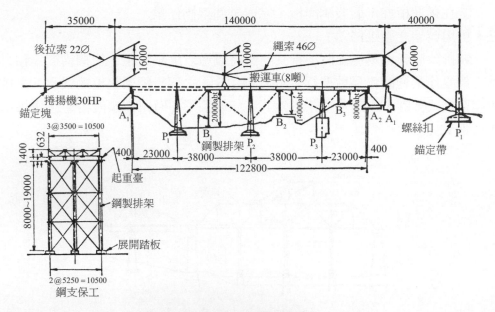

圖 11-17　排架繩索式

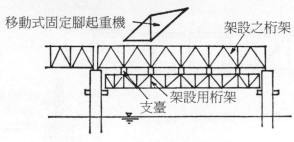

圖 11-18　架設桁架起重式

第三節　組合架設作業

組合架設作業上鋼橋多在工廠製造，預力混凝土橋多在工地構築，兩者相差甚大。前者有板樑式與構架式兩者，板樑式以架設作業為主，組合為副，而構架式係架設組合兩者同時進行。預力混凝土橋目前限於板樑式，短跨者一次架設一孔，但近來長跨之箱形截面樑 (Box Girder) 者因太重而製造為一節一節再組合架設。至於採用何種組合架設方法取決於橋樑之一整構體 (One Piece) 重量。

組合架設使用機械設施：

1. 機械：以起重機 (Crane) 為主，有：
   ⑴移動式桅式轉臂起重機 (Derrick Crane)。
   ⑵高架起重機 (Goliath Crane)。
   ⑶索道起重機 (Cable Crane)。
   ⑷浮船式起重機 (Pontoon Crane)。

除此，在接合作業中亦用壓縮機等。

2. 設施：
   ⑴臺車。
   ⑵千斤頂。
   ⑶纜繩索。
   ⑷沖釘 (Drift pin)、臨時螺栓。
   ⑸鉚釘鎚。
   ⑹鉚釘頭壓模 (Snap die)。
   ⑺氣動扳手 (Impact Wrench)、扭力扳手 (Torque Wrench)。

習　題

1. 橋樑工程與一般土方、基礎、隧道等工程有何顯著之不同？施工上注意哪些？

2. 橋樑組立架設施工法有哪些？試略述之。

3. 試舉列橋梁組合架設作業所需用各種施工設施。

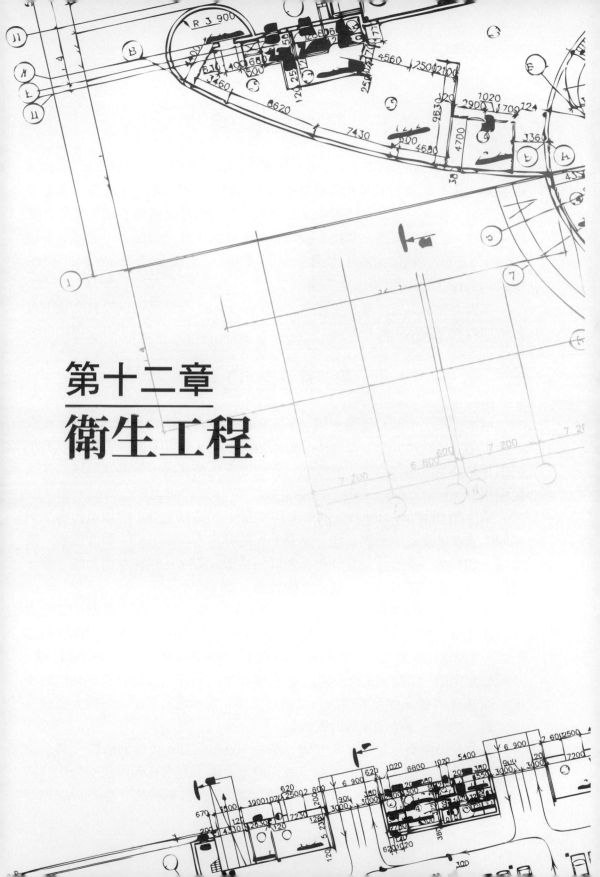

第十二章
衛生工程

第一節 概 述

衛生工程 (Sanitary Engineering) 依廣義而言，係環境工程 (Environmental Engineering)，包括公共給水、都市廢水、水肥、垃圾處理；水汙染、空氣汙染、噪音、惡臭、震動之防治；工業廢水及放射性汙染處理；環境衛生之維護；食物、工廠、房屋、學校、飯館等衛生維護。依狹義而言，係給水工程 (Water Supply Engineering) 或稱上水道工程，及廢水工程 (Waste Water Engineering) 或稱衛生下水道工程。

本書就給水工程、廢水工程中，除一般土木工程結構物或設施之施工以外，加以敘述其施工方法。

第二節 進水工程

給水工程之水源有地面水與地下水兩種。前者包括河水、湖沼水、蓄水庫水。後者包括淺井水、深井水、泉水及伏流水。經進水門或進水塔、進水格框等結構物取水得原水，送經進水管道等至處理廠房，而後經過送水管渠再至用戶。

進水門 (Intake Gate) 設於河川上游岸邊，其結構及施工與灌溉用進水門相同，施工時注意接縫與基座、基礎，以防發生不均等下陷，引起龜裂、漏水等。如軟弱沙礫層地基宜特別加強以免損毀或斷水。在進水口上游之攔汙柵用鐵柵，柵間距五公分，並能拆除以便清除工作。

進水塔 (Intake Tower) 設於大河川中下游，蓄水庫、湖沼等水位變化大（且水深有二公尺以上）處。塔以鋼筋混凝土中空圓筒或橢圓筒，用沉箱法施工，其進水孔應設兩三段以適應不同水位，進水孔前應設可拆除之攔汙柵，並設進水閘門、蝶閥（或制水閥）。進水塔埋設於河底送水管應有充分埋設深度（以 R.C. 或礫石蛇籠等保護）以防被沖壞。進水塔設電燈，規模大者應有避雷針、棧橋、水位標尺等附屬設備。

低水位時離河岸甚遠，可用進水格框 (Intake Crib) 代替進水塔。其水深要有三公尺，否則其周圍以木柵等設備繞至水面，進水孔距水底一公尺（淺處時至少三十公分以上），孔四周應以堅木框或 R.C. 框保護，框外再以拋石

或混凝土保護之。

　　進水管渠 (Intake Conduit) 係最簡單之進水設備，用於河川平坦處且水位變化小，倘變化大者應將管渠延伸至河心，並以埋木架、混凝土框或拋石保護之，其欄柵用鋼棒、角棒相隔 5 至 10 公分，延伸至河心者應設聚砂坑（深 30～50 公分、長 3 公尺）以防止沙之流入，頂蓋與洪水位同高且設入孔。

　　為提高河川水位，以鐵絲籠、砌石、混凝土建造引水壩。在河口為防止海水倒灌而在河口附近設防潮堰，可用圬工或鋼骨。

　　至於地下水之取水多鑿掘水井而抽出之。深井（深 30 m 以上）之鑿井有衝擊式 (Percussion)、迴轉法 (Rotary Method) 及反循環旋轉法 (Reverse Circulation Type)，淺井多在 8～10 m 深，利用淺層地下水或伏流水，並以井底集水為原則，故井底應鋪平乾淨石子（90 cm 厚），往下鋪小石子層（2～3 cm）、直徑中石子層（3～4 cm 直徑）、大石子層（4～5 cm 直徑），每層約 30 cm 以防止流沙。淺井之井壁及井欄多以預鑄混凝土或鋼筋混凝土築造而以沉箱法施工，家庭用者以石棉管、鋼管、塑膠管代替之。地面下三公尺以上部分不得做工作縫或接頭以防汙染。

　　伏流水之集取多用鋼筋混凝土有孔管渠為暗渠，埋設於山麓、山谷或河流兩岸及河底。其方向垂直於伏流，以木框、鋼筋混凝土框保護之。集水暗渠埋設深約為五公尺，集水孔約 1～2.5 cm，數目為 20～30 孔／m^2，並以插入式之開口接頭銜接，其周圍用 50 cm 厚以上之卵石層、石子層、粗沙層環繞，再回埋至原地面高，在末端做 0.6～1.3 m 直徑之連絡井（R.C. 造），作為檢修清理用。

　　輻射井（Radial Well 或 Ranney Well）係利用沉箱方式打入水平井成輻射狀，以代替深井，可得豐富水量。臺灣自來水公司曾於 48 年在高屏溪河中，臺灣糖業公司亦在下淡水溪附近鑿輻射井，開始情況良好，但逐漸阻塞。

　　地下水難免有鹽水或海水之汙染，雖可用截流、隔核等施工方式來防止，惟規模上、工程費上恐甚難考慮，故設計前應妥為調查，確認沒有鹽分之浸犯方可採用。

第三節　導（送）水工程

　　自進水口取水，將此原水輸送至淨水廠者稱為導水，自淨水廠輸送至配

水池或配水系統者稱為送水。兩者技術相同，但水質不同、流速不同。前者可用明渠，其結構物有渠道、隧槽、水管、虹吸管、倒虹吸管、隧道等。後者需注意外界之滲漏、溢流、汙染等，尤其水壓不同於大氣壓時必須用特殊結構物。

　　沉沙池、水井、凝集池、沉澱池、過濾池、淨水池、配水池、抽水井等結構物需有高度水密性，故混凝土或鋼筋混凝土結構物除應具備條件外，為防治漏水、浸水計，在施工上應注意下列事項：

　　1.為防止基礎不均勻沉陷及其龜裂計，結構物全體應由同一條件支承之基礎施工之。

　　2.如有支承條件不同者，在境界線應作伸縮接縫。

　　3.考慮水泥量、水量、空氣量級配以求高度之水密性混凝土。

　　4.混凝土灌築後之養護必須充分。

　　5.拆模後之塞孔務必完全。

　　6.伸縮接縫之施工特別小心，以防其漏水。

　　7.各結構物應以各種適當防水施工。

　　8.管道通過結構物時應注意不同之漏水條件（尤其不同支承時有不同移動或振動）。

　　9.在地下水中施工時，由於地下水位之上升及浮力，宜有適當之對策。

　　混凝土結構物之施工縫，務必有良好之水密性，水平施工縫甚至作鋼板或防水板施工。垂直施工縫亦作鋼板或防蝕防水板。伸縮接縫相距太長時宜加附加鋼筋 (Additional bar)，靠近並直交接縫，用量約接縫面積之 0.5%。

　　下圖 12-1 係一般伸縮接縫，(a)(b)(c)所用防水板多用橡膠製品或氯化乙烯基製品（厚 5～12.5 mm，寬 10～30 cm），作成十字形，T 型或 L 型。

　　至於一般結構物之防水工程，應直接施工於承受水壓之面部，防水工程有下列諸種：

　　1.瀝青防水。

　　2.硬煤瀝青防水。

　　3.水泥沙膠防水。

　　4.水泥漿防水。

　　5.特殊防水劑之塗抹防水。

　　6.防水劑混入混凝土之防水。

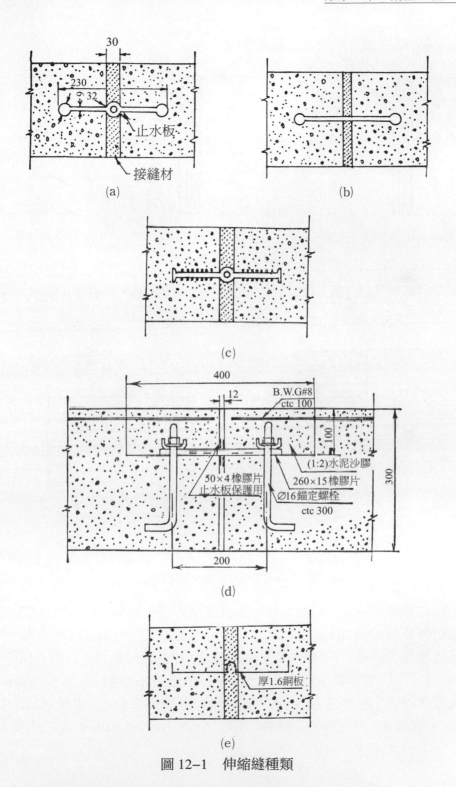

圖 12-1　伸縮縫種類

下圖 12-2 係一般防水工程之實例：

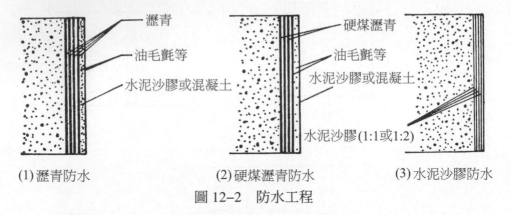

(1)瀝青防水　　　　　　(2)硬煤瀝青防水　　　　(3)水泥沙膠防水

圖 12-2　防水工程

各管類穿過底（牆）板時其防水施工有由管周圍來防漏者（如圖 12-3 之用防水墊片或止水圈），有利用套管式者（如圖 12-4）。

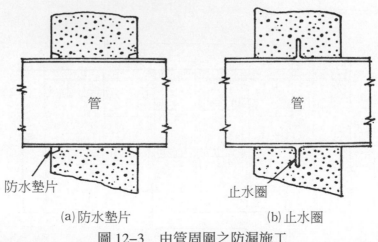

(a)防水墊片　　　　　　　　　(b)止水圈

圖 12-3　由管周圍之防漏施工

送水管應埋設於公道內，並先與道路主管機關協調。埋設前之挖掘寬應為管口徑外加 20～30 cm 之多餘，在接縫處由於管徑大小及深度而異，但大致為管徑之二倍寬。下圖 12-5 左係直線段，中係接縫部分，右係大口徑（或導水管）之深、寬等常用尺寸大小。圖中一般管徑（內徑）自 75 至 750 mm，直線段之深 (A) 為 1.29～1.57 m，上寬 (B) 為 0.6～0.8 m，底寬 (C) 為 0.5～0.7 m，管深 (D) 為 1.2 m。接縫部分深 (A) 為 1.49～1.92 m，上、下寬 (B、

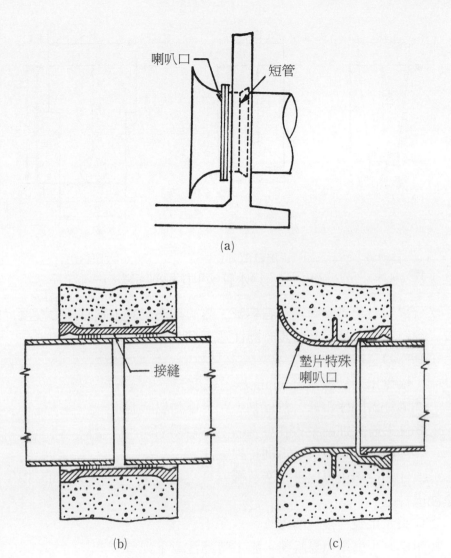

圖 12-4　利用套管之防水施工

C) 同為 0.7～1.1 m，管至底 (H) 為 0.2～0.35 m。大口徑 （內徑） 由 400～1500 mm，直線段之深 (A) 為 2.53～3.65 m，上寬 (B) 為 1.4～2.8 m，底寬 (C) 為 1.1～2.5 m，管深 (D) 為 2.10 m，上半深 (E) 為 1.03～1.25 m，下半深 (F) 為 1.5～2.4 m，挖掘作業之詳細請參照第二章土方工程。

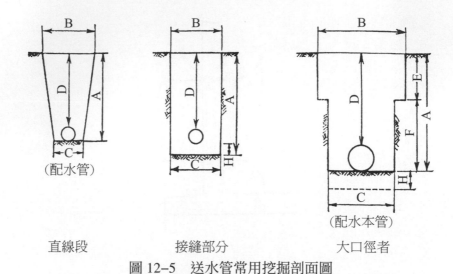

直線段　　　　　　　接縫部分　　　　　　　大口徑者

圖 12-5　送水管常用挖掘剖面圖

　　送（導）水管有塑膠管、石棉管、離心鋼筋混凝土管及預力混凝土管、鋼管、鑄鐵管等多種，其裝設時應注意下列各項：

　　1.套座接合鑄鐵管

　　⑴接縫用麻紗應多出 5 mm 以上長度充分接觸。

　　⑵灌注鉛時應鉗緊，並以黏土完全塗封以防漏水。

　　⑶注鉛時宜加溫至 350°C 左右，令縫鉛完全。

　　⑷注鉛應一次完成，否則打掉重注。

　　⑸注鉛冷卻後再以壓縮空氣機或真空鎚封鉛。但封鉛表面有損傷者用煤焦油塗抹之。

　　2.自來水用螺栓接合鑄鐵管

　　較耐震且少磨損但易脫離，施工時應注意下列事項：

　　⑴接頭 200 mm 附近需乾淨（沒有油、沙及雜質）。

　　⑵承接大小頭之承口以肥皂水塗抹用橡膠圈密接於承口，然以螺栓向承口插入而旋緊之。

　　⑶旋緊螺栓以扳手，先將上下螺帽，次將兩側螺帽，然後將對角方向螺帽逐漸平均進行旋緊。所用扳手最好採用扭力扳手。

　　⑷倘氣密性水密性不佳時，切勿逕行旋緊螺栓，宜拆下螺栓，清掃障礙物後再旋緊。

　　⑸需回填者應先檢查接合處及螺栓，最好加以水壓試驗，確認不漏水，否則重做上述第 4 項。

　　3.自來水石棉水泥管

　　有基保爾特式接合 (Gibault Joint)、填隙柔性接合 (Shimflex Joint)、ET 接合、KA 接合、US 接合等各種接合方法，都使用橡膠，接合前宜自管外至圈內妥善清理沙等雜物。

　　4.自來水用電弧焊接鋼管

　　⑴工地上之地上焊接：多沿管路排數根至十數根鋼管作地上焊接者，由於管徑、地下障礙物、道路狀況、起重機械等影響焊接鋼管根數。焊接時在溝頂或平行溝方向（在路上），每隔二公尺用枕木支承，其焊接宜避免向上作業而將鋼管旋轉實施之。焊接部分應清除雜物並乾燥之，焊接前校正鋼管變形，並防止暗掘、熔渣、針孔之存在。

　　⑵工地上之地下焊接：作法與地上焊接相同，惟焊接姿勢受溝形限制，故宜另挖大些（接合處）且方便換水。

　　⑶彎曲部焊接應依所需彎度而先行用瓦斯截切並彎曲之。與已埋設管連結之中間連結接合宜用伸縮管以防拘束。

　　⑷風雨天不宜焊接，3°C 以下寒冷天時應預熱後方可焊接。

　　⑸工地接合，在焊接後應立刻作保護塗裝，如水泥沙膠之噴射或塗抹，瀝青或柏油之黃麻纖維片一層或二層保護，對露出管之防鏽塗抹等等，但務必密接，需要時作試驗以防針孔之出現。

　　導（送）水管之異形管由於彎曲、水壓不均勻，有離心力使流速不一，致管道容易移動，接合部亦易脫逸，因此必須作防護措施。防護措施尺寸大小多在彎曲管、丁字管等外側作混凝土支承臺以增加地盤支承面積。

　　送水管之管基礎工程有如下圖 12-6 多種：

　　⒜地盤軟弱時打基礎樁並加橫支撐，管兩側加楔塊。

　　⒝不打樁，僅用枕木墊之，並加楔塊。

　　⒞地盤良好時直接挖弧形，埋置管道。

　　⒟作混凝土支承臺（弧形）支承管線。

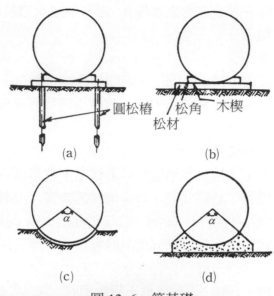

圖 12-6　管基礎

　　送水管經過高低不平處或過河時，可架設橋樑或水路（管）橋、倒虹吸管、深埋設管等方式，其施工時應注意下列諸項：

　　　1.架設式者為減輕自重及耐振計宜用鋼管，如用鑄鐵管者應以螺栓接合（勿用法蘭接合），其橋臺每一節上架管應固定之。

　　　2.架設管應設伸縮縫以防振動或不均勻沉陷，並避免使用木架橋。

　　　3.水管內傳統之鋼板橋、桁架橋支承外，近來採用鋼管本身作為主結構體，施工時應留意航行，對漂流物宜有防衝設施，在軟弱地盤時對支承之橋臺橋墩設防止變形之接縫。

　　　4.穿越河川時可用倒虹吸管式，應設雙線且盡量相離並與主管河川機關協調，勿妨礙河川管理。水管坡度勿超過 45°，其彎曲處及基礎應以混凝土支承保護，倘有沖刷之虞者更需施行河床保護工程。

第四節　給水裝配

　　自配水管分歧向需要（用戶）者給水，所需給水管或自給水管再分歧及有關用具設備統稱為給水裝配。給水管有鉛管、銅管、鋼管、塑膠管、鑄鐵管、石棉水泥管等多種，口徑自 13 mm 至 25 mm 最多，因此工程規模小而

作業繁雜，宜由土工與技工合組進行施工，茲將小口徑（俗稱細管，指 50 mm 口徑以下）給水工程略述於下：

　　給水工程之挖掘有小孔挖掘（僅對分水栓必要位置）與帶狀挖掘（對配管線狀部分）兩種，可用機械進行，但前者宜由人工挖掘。寒帶地區宜作配管之防凍（用毛毯、麻絲等包圍）設施。

　　給水管之接合法有螺栓壓圈式機械接頭（螺栓加膠圈）、平口接頭（用螺栓與襯墊）、活套接頭（用橡膠圈）、膠合接頭（有加熱套接與冷間管頭擴大接合二種）及臼口灌鉛接頭（用鉛封接，目前已少用）等多種，加熱之標準溫度自 115°C 至 120°C。

　　給水管之屋內配管有隱蔽、露出及混合法三種，各有優劣（前兩者之優劣恰相反），應由工地情況、品質、室內美觀及工程費來決定。

第五節　衛生下水道

　　有人類居住或活動之處必有垃圾、糞尿、汙（廢）水，往昔以掩埋、焚燒或投棄河海，今日已成嚴重公害，故以衛生下水道來解決糞尿及汙水公害。廣義之衛生下水道工程包括糞尿及一切汙水之處理，反之狹義者僅處理糞尿公害。正確之衛生工程應在都市計畫開闢道路時同時進行，但實際上多在都市形成後，或舊都市擴大後再進行衛生工程之施工，而衛生下水道又多沿道路而設，因此在工地上必須作安全設施。

　　安全設施包括：

　　1.道路標識（固定者）及標板（可動者）：後者在夜間應點白色照明燈，詳見圖 12-7。

　　2.安全木馬及警示燈：在挖掘處四周放黃、黑色 45° 斜線交錯之木馬，夜間再放（距 150 m）1.6 m 高或 1.0 m 高之警示紅色燈。詳見圖 12-8。

　　3.打樁機或吊斗四周應設安全木馬、白色照明燈及紅色警示燈（每隔一公尺設一燈）。其他危險場地或長帶工地宜每 20 公尺設 200 瓦特以上白色電燈以照亮工地。倘有必要事先警告，應在工地前面一百公尺附近設置預告標識板，並設照明以便夜間使用。如需車輛迂迴時亦應設迂迴標識板且加夜間照明，詳見圖 12-9。

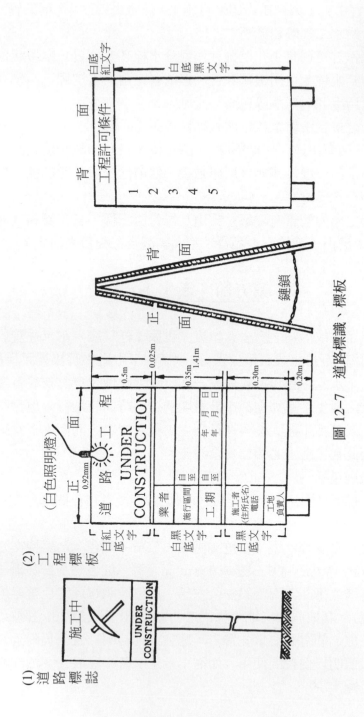

(1) 道路標誌

(2) 工程標板

圖 12-7　道路標識、標板

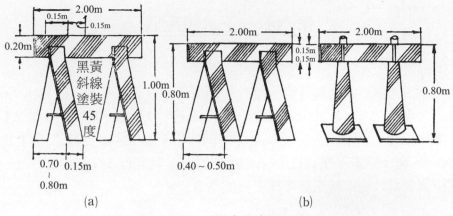

(1) 安全木馬

(a) 兩面保安柵（反射性），開口部兩面設置安全木馬
(b) 側向保安柵，開口部側方設置安全木馬

(2) 警示燈

圖 12-8　安全木馬及警示燈

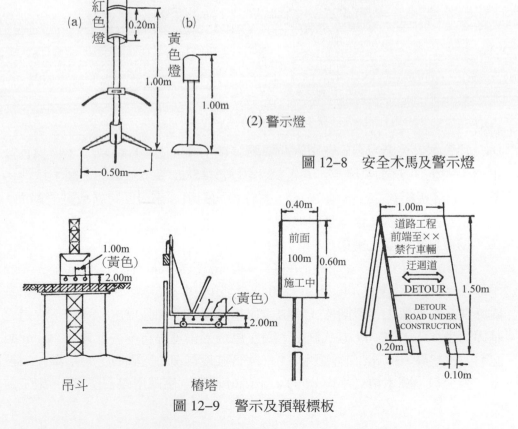

圖 12-9　警示及預報標板

第六節　下水道配管

一、圓形管

下水道用圓形管有陶瓷管、離心力鋼筋混凝土管，前者口徑自 10 cm 至 38 cm，後者自 25 cm 至 200 cm，厚度自 28 mm 至 135 mm，長自 2 m 至 2.4 m，以環圈作接合。圓管之土方挖掘之標準剖面如下圖 12–10，其管徑自 15 cm 至 180 cm 時，圓管基座寬自 19 cm 至 180 cm，底寬自 59 cm 至 275 cm，倘機械挖掘者其坡度維持如圖階梯之坡度為宜。

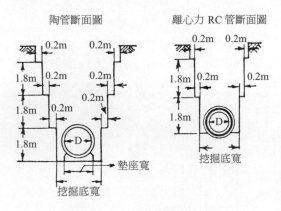

圖 12–10　圓管標準剖面

圓管埋設後應回填，在圓管四周應填沙至圓管上 10 cm 以上，再填良好土沙至表土（路面）下一公尺深，然再填沙 45 cm 至 65 cm，上面填以沙、礫、碎石等級配料 25 cm 至 20 cm，剩餘表面回填原來表面材料或鋪設路面，施工中當然有適當之含水量與搗實。

二、場鑄鋼筋混凝土函渠

場鑄鋼筋混凝土函渠有矩形（寬自 140 cm 至 240 cm，深自 84 cm 至 348 cm 不等）、馬蹄形（寬自 140 cm 至 240 cm，深自 98 cm 至 240 cm）等。函渠基礎應在良好地盤上，否則依一般結構物基礎同樣作加強措施。通常下水道之基礎可參照下圖 12–11 方式施工，圖左馬蹄形渠基礎自下往上先作 10 cm 級配料、沙墊層、30 cm 口徑圓木、10 cm 低強度混凝土。圖右之矩形渠打口徑十二公分以上圓木樁（平均分布），上鋪碎塊石（空隙用礫石墊填）。施工前

先作土方之開挖（比渠寬要寬大 120 cm 以上以便模板之裝釘），內部模板於混凝土乾固後拆除，再往前裝，最後段應在頂板預留人孔以便工人下去拆模，切勿將內模遺留渠內，妨礙日後流水之暢通，函渠完成之土方回填與一般土方工程相同。挖土時之保護、圍堰、覆面工等參照上述有關章節。

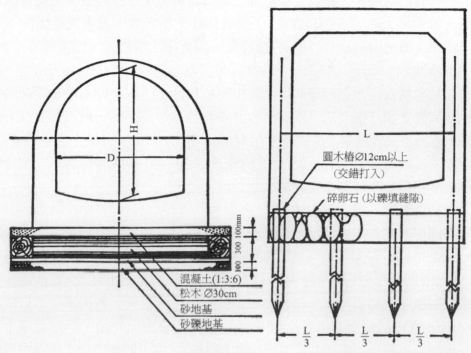

圖 12-11　場鑄鋼筋混凝土渠基礎剖面圖

三、特殊工法

　　下水道經過已開發城市，無法進行開挖或連續壁等施工時亦可採用隧道工程之潛盾式工法（臺北市之衛生下水道就是採用本法），請參照該章。又有在埋設管一端構築與埋設管同深之施工豎井，其後面放置反力牆，以油壓千斤頂將埋管強行押入土內，然後挖出該管內土方，再繼續向上推進，稱為推進工法。惟本法受千斤頂能量限制，僅能達三十公尺長。目前已有在中間加千斤頂之所謂中押式推進工法，或改良之半潛盾推進工法。至土方工程中地下挖掘作業所用凍結工法、降低地下水工法、壓力工法、藥劑工法等亦可作為下水道之輔助施工法。

第七節　汙水處理

汙水、廢水經下水道流入汙水處理廠處理以達其安定化及安全化之主要目的。可分為初級、二級及三級處理，前二者將粗上浮性物質、沉澱性懸浮物質、油脂等去除（即物理處理），後者係作生物處理。前者包括過篩（篩棒、篩格、篩渣破碎機）、油脂分離設備、曝氣槽、沉沙池、沉澱池等。

一、沉沙池

在抽水機及汙水處理廠前以篩除粗硬物和沙土，保持抽水機及處理廠管道暢通而設置攔汙柵及沉沙池。沉沙池多為長方形或圓形，以設二池以上為原則，並為水密性構造，進口坡度在 5/1000 至 1/100 為宜（防止產生短流），池中設貯沙槽（深約 30 cm），池長約流水需 30～60 秒時間長為度。沉沙池之施工詳見圬工或混凝土工程。

二、最初沉澱池（第一沉澱池）

有圓形與長方形兩種池，下圖 12–12 為圓形沉澱池，內徑 36 m，深 5.94 m，牆厚 40 cm，底坡 1:10，底厚 30 cm 之鋼筋混凝土結構物。流入口設口徑 1.5 m 之圓形人孔，接著埋設 90 cm 口徑離心力鋼筋混凝土管，至彎曲部接鑄鐵彎管由池中央溢出汙水。沉澱物集中於中央之梯形槽，較清潔之水自四周（445 cm 寬）溢流至流出人孔並經 110 cm 口徑管流出外面。鋼筋混凝土之內外模板可用鋼板，或活動鋼模板（向上移動）。施工前先整地，並向中央傾斜（1:10 坡度），鋪設 30 cm 厚卵石碎石，再打低強度混凝土，混凝土面宜作防水粉刷。

平面圖

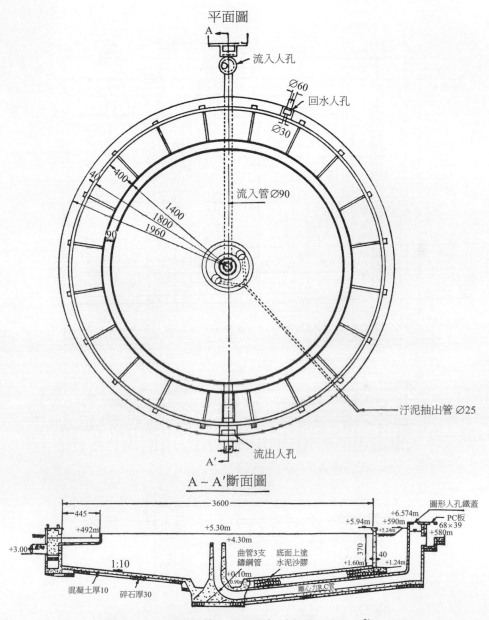

A

流入人孔

∅60
回水人孔
∅30

流入管 ∅90

40 400
1400
1800
1960
90

汙泥抽出管 ∅25

流出人孔

A'

A～A'斷面圖

3600
445
+492m
+5.30m
+5.94m
+6.574m
+590m
圓形人孔鐵蓋
PC板
68×39
+580m
+5.24m
+3.00m
+4.30m
曲管3支
鑄鋼管
底面上塗
水泥沙膠
370
40
+1.60m
+1.24m
1:10
+0.10m
(0.90m)
籠心力R.C管
混凝土厚10
碎石厚30

圖 12-12　圓形第一沉澱池（容量 3766 m³）

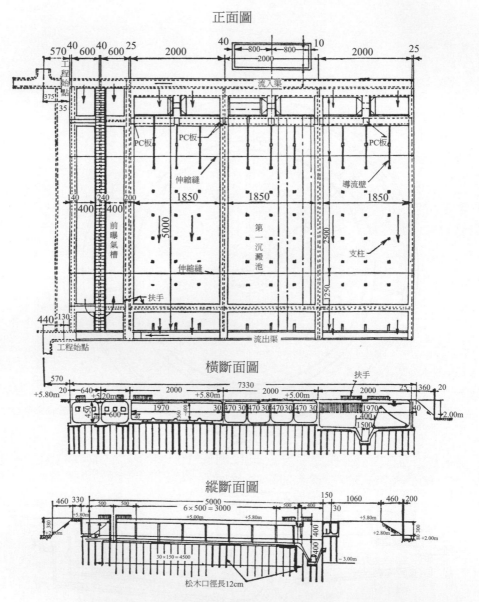

圖 12-13　長方形第一沉澱池（容量 3500 m³）

　　上圖 12-13 係長方形第一沉澱池，寬 20 m，長 50 m，水深 3.6～4.0 m（可作連續），有蓋，有支柱之鋼筋混凝土結構體。自下水管渠至流入管渠，經導流牆流進沉澱池再流出，沉澱物即集中至梯形槽。連續之沉澱池即往下深度愈深（階段式），至最後一個沉澱池亦設梯形槽以收集沉澱物，其施工仿

照土方與混凝土，不再贅述。

三、曝氣槽

　　有散氣式與機械攪拌式兩種曝氣方式。前者自送風機送出的空氣使成為微細氣泡進入水中，氣泡向水面上升，達空氣溶解之效果。後者在槽水面以機械設備（如渦輪翼、水車）攪拌混合，使大氣中空氣溶入混合液中，由於旋回流，使溶氧移機攪拌混合以達曝氣目的。前圖 12-13 左為前曝氣槽，圖 12-14 係一般長方形曝氣槽，自圖左下流入（渠口 60×60 cm），轉彎三次後經左上流出至第二沉澱池之管渠。槽底作 30 cm 厚卵石或碎石，再打低強度混凝土後，才打 35 cm 厚鋼筋混凝土底槽，四周槽牆作 30～45 cm 厚鋼筋混凝土牆，中間隔牆作 40 cm 厚。槽流水方向中央設 50 cm×5 cm 凹槽。鋼筋、混凝土、模板、土方工程與一般工程施工一樣，惟注意混凝土表面之腐蝕，應妥為粉刷或作防蝕施工。

平面圖

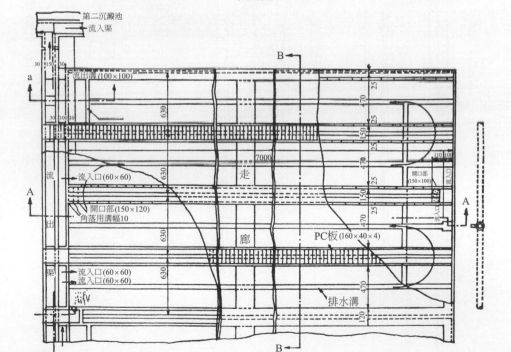

（圖 12-14）

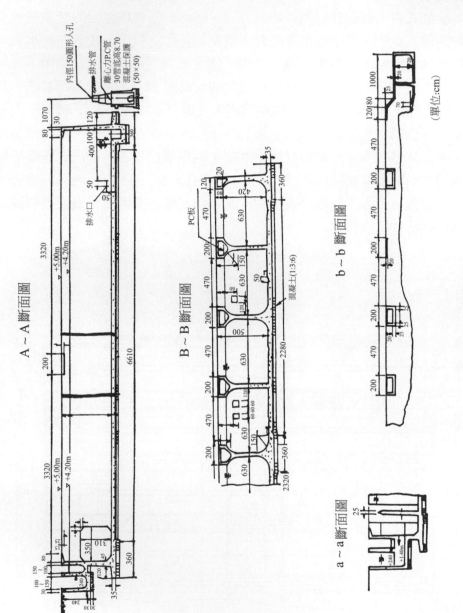

A ~ A 斷面圖

B ~ B 斷面圖

a ~ a 斷面圖

b ~ b 斷面圖

（單位：cm）

圖 12-14　曝氣槽

四、生物濾池

如圖 12–15，打基礎樁（鋼筋混凝土製，口徑 25 cm，長 6 m，間隔 3 m）排 30 cm 厚卵石，5 cm 厚低強度混凝土，再打 30 cm 厚鋼筋混凝土底板，上鋪通氣用塊石，然放設過濾材料（口徑 7～8 cm 之碎石）。圓周牆壁作 25 cm 厚鋼筋混凝土牆，池中央設旋轉放水機一座。

平面圖

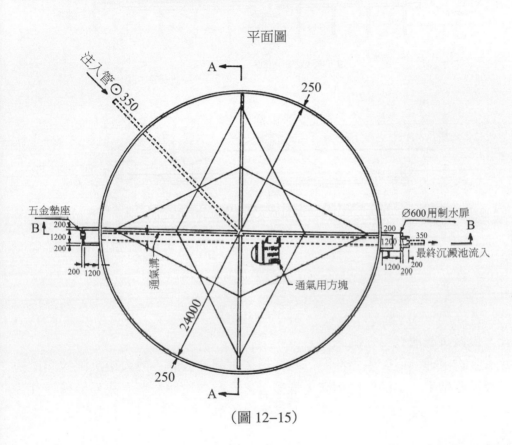

（圖 12–15）

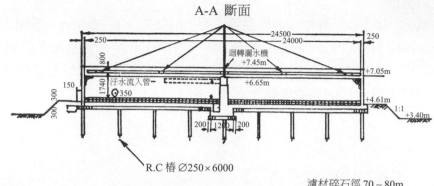

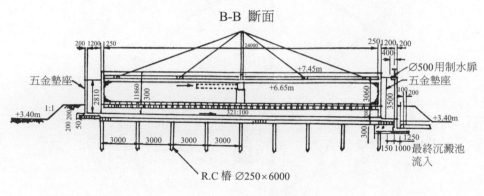

圖 12-15　生物濾池

五、最後沉澱池（第二沉澱池）

　　生物處理過程產生之汙泥，應從最後沉澱池去除，故最後沉澱池與最初沉澱池原理上、結構上均相同，惟後者多為有機物而較輕，故易流逸，宜注意其流程（以最大日汙廢水量二小時半之停留時間為原則，水深約 2.5～4 公尺）。

　　下圖 12-16 係容量 3900 m³ 之最後沉澱池（寬 20 m，長 50 m，連續四池），打 18 cm Ø 木樁，深自 9～12 m，相隔 1.5 m，基礎先排 30 cm 厚卵石，再打 40 cm 厚鋼筋混凝土底板，牆厚 30 cm。集水槽為上底 4 m，下底 1.5 m，深 2.9 m 之梯形。最後沉澱池自右向左逐漸降低（底層），土方工程與一般者相同，混凝土工程應另預防腐蝕，雖可採用清水模板，但多用一般模板後再加以粉刷，詳細請參照混凝土施工。

平面圖

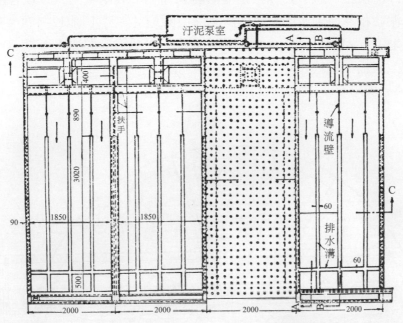

A-A縱斷面圖

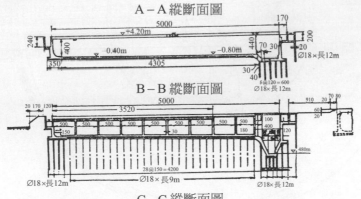

B-B縱斷面圖

C-C縱斷面圖

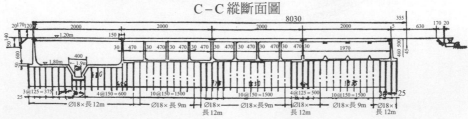

圖 12-16　最後沉澱池

六、汙泥消化槽（汙泥濃縮槽）

　　係汙泥消化、脫水操作之預備處理設備。一般用重力式，以容納十二小時之汙泥容積為原則。汙泥消化槽多採用圓形（參考下圖 12–17），有蓋，未必埋入地下。基礎作 30 cm 厚卵石，10 cm 厚低強度混凝土後做 50 cm 厚鋼筋混凝土底板，並向中央傾斜（20% 坡度），周牆打 50 cm 厚板，內隔牆厚30 cm，蓋板厚 60 cm（中央可減半），為減輕自重亦可作中空板。

平面圖

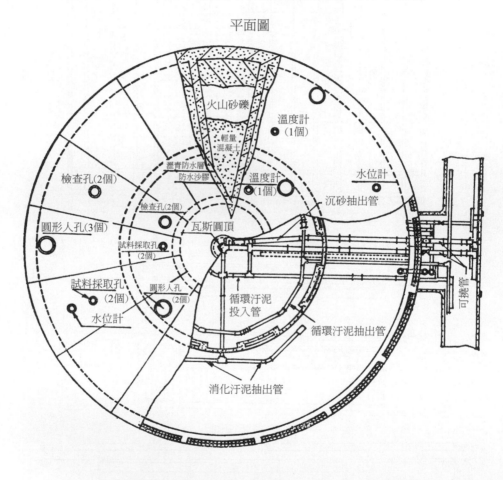

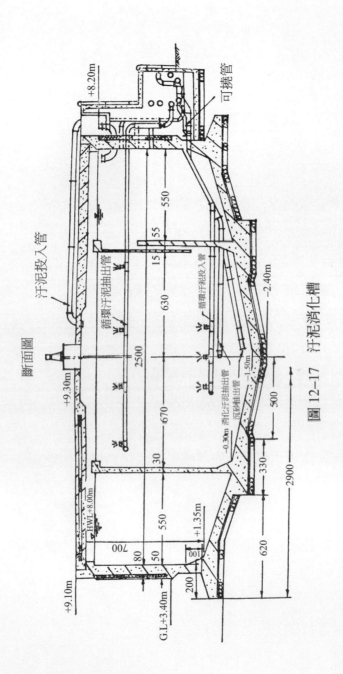

圖 12-17　汙泥消化槽

習　題

1. 何謂取水工程？其水源有幾種？

2. 試詳述導水工程內容，並列舉防漏浸水上應注意事項。

3. 衛生工程上施工縫之防水有哪些方法？試加說明。

4. 各管類之四周防漏有哪些方式？試詳述之。

5. 一般送水管之常用挖掘剖面如何施工，試以略圖說明之。

6. 自來水管之螺栓接合鑄鐵管應如何施工，試舉其注意事項。

7. 試說明送水管基礎工程之施工方法。

8.試簡述送水管經過高低不平（或過河）之施工注意事項。

9.給水管屋內配管有哪些種類？並簡述其施工方法。

10.試述下水道配管種類。

11.試述下水道工程之特殊工法。

12.何謂汙水處理？試簡述其所包括工程。

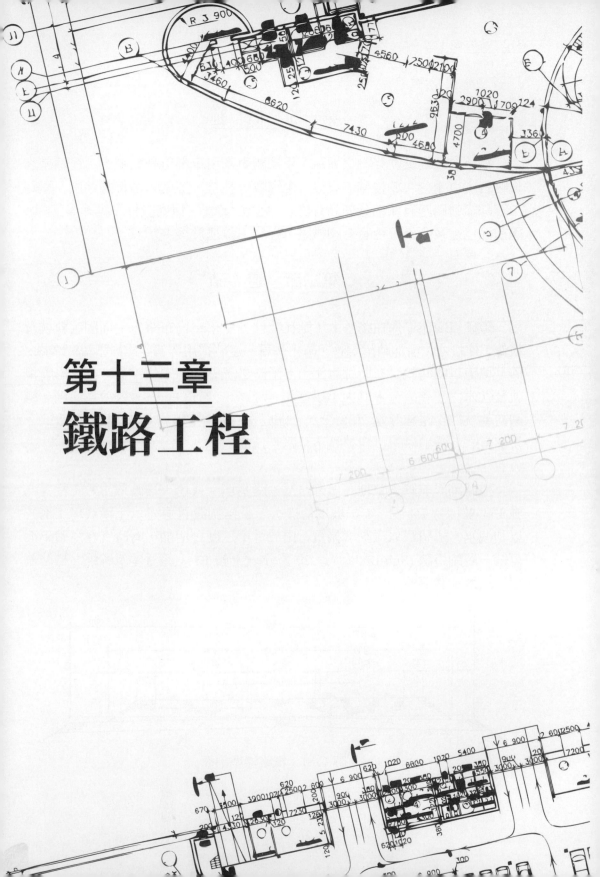

第十三章
鐵路工程

第一節　概　述

鐵路係以鋼質軌條為交通路，用機關車牽引車輛行駛軌道上，運輸旅客貨物者，車重分布於輪軸、車輪，至鋼軌、軌枕、道碴，最後達路基。鐵路工程除鐵軌路基有關部分外尚有橋涵、隧道、車站、保安設備及維護等工程。除前面已述及者外，今將有關鐵路工程施工敘述於後。

第二節　道　碴

道碴 (Ballast) 係在路基上，鋪在軌枕，令車壓均布路床，而固定軌枕及軌條，作排水，增加軌道彈性，防止長草。道碴採用碎石、礫、卵石、碎磚、砂、爐渣，臨時軌道有時採用泥土。道碴必須堅韌，顆粒銳尖，不含影響鋼軌及枕木之化學成分，其大小以寬 3～4 公分，對角長 5～6 公分為原則。道碴自軌枕底至路床厚為 20 公分，上面與軌枕齊並伸出軌枕旁邊 30 公分。一般而言，普通道碴厚度自軌枕下至路基頂面為 15～30 公分，全厚 30～42 公分。

道碴鋪設前應先整地，做好路基。路基填土或挖土均應依土方工程妥為施工，並保持 2% 至 3% 橫坡以便排水，且兩側設置邊溝（土溝或圬工溝）以利洩水。道碴應以振動機搗實，由於行車速度之增加，有時宜在道碴下面再鋪一層副道碴 (Sub-Ballast) 厚 20 公分，（下圖 13–1 係日本新幹線之標準剖面）以增加其彈性。

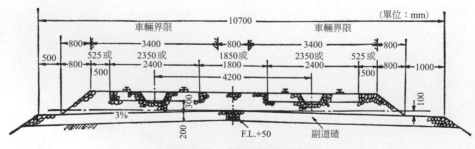

圖 13–1　鐵路標準剖面

　　道碴之施工自路基先鋪設至軌枕下緣，搗實後鋪設軌枕、軌條，兩者固定後再將道碴鋪滿於軌枕中間空隙，以振動機搗實（或輔以人工搗實）。惟近來施工技術之進步已有如後述之將道碴、軌枕、軌條三者一起施工之新工法，可節省人力，縮短施工時間。

第三節　軌　枕

　　軌枕 (Sleeper) 有散鋪、縱鋪、橫鋪三種方式，就中以橫鋪最多，每公里鋪 1259～1522 支（木枕），或 1288～1577 支（鋼枕）。軌枕以材料而分有木枕 (Wooden Sleeper)、鋼枕 (Steel Sleeper)、鋼筋混凝土枕 （R. C. Sleeper 或 Concrete Tie）。前者向來因富彈性、易鋪裝、廉價而多用，但由於易腐蝕、量輕不穩定、愈來愈不易獲得而逐漸少用，而後者因耐用壽命長、安定而有發展之趨向，尤其改為預力混凝土枕 (P.C. Sleeper) 效果更佳。

　　木枕需用上等木材，其木質堅韌，能抵抗天然腐蝕者，選用時木料勿太硬或太柔，取冬季採伐者。一般枕木長在標準軌為 2.4～2.7 m，窄軌為 1.7～1.8 m，剖面為矩形（較多）或梯形，一等枕木為 16×26×260 cm 四角完整，二等枕木為 14×24×250 cm 矩形剖面。三等枕木高 15 cm，其上寬 12～14 cm，下寬 20～22 cm，長 240 cm，至於軌條接頭之寬枕，高 15～16 cm，寬 46～52 cm。枕木應依高溫蒸製並加防腐劑（氯化鋅與木油最常用）。枕木之鋪設距離依軌條長短而異，其詳細如下表：

軌條長 (m)	最大枕距 (cm)	每條軌條之枕木數	備　　註
12	80	14	鋼枕
18	80	22	〃
15	65	22	〃
12	68	18	木枕
15	60	26	〃
15	63	24	〃
18	63	29	〃

　　枕木損害最顯著者為受道釘之拔動及軌條之下壓而招木質纖維折斷。為改善及延長壽命，可將枕木用堅韌木料做成螺絲鑲補，旋入枕木之道釘處，

凡經鋪用多年未腐朽之枕木經此鑲補後可延長 50% 壽命。 鑲補木料因較堅韌，必須先行鑽孔以免鋪軌時打釘而破裂。

鋼枕有工字形、T 字形及梯形（如圖 13-2）諸種，鋼枕雖有多種優點，但缺點較多（施工不易、工程費較多、壽命短），故較少用，其施工與木枕相似。

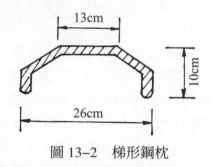

圖 13-2　梯形鋼枕

R.C. 軌枕或 P.C. 軌枕有穩固、不腐不鏽、價廉優點，其上面平整但下面中間凹起。升高軌枕時不可在中間著力以防振動斷裂，在混凝土內先鑲入木塊（成截頭錐體）以便螺旋道釘旋著於木塊上。軌枕與軌條之扣接以鐵管澆於枕內，使用螺絲或將螺絲澆製於枕木，以螺帽扣緊，惟易鏽、壽命短、抽換困難。

第四節　軌　條

軌條 (Rail) 由鋼鐵所製，故俗稱鋼軌，其作用係直接支承車輪之載重，並由縱橫兩軸之抗彎剛性將車輪傳來之垂直及水平載重廣大分布，同時維持平滑之行車面，為鐵路中最重要之部分。鋼軌多以單位長度重量表示其尺寸大小，以寬平底軌條最常用。一般以每公尺 50 kg，37 kg，30 kg 最多，臺灣縱貫鐵路用前者 (50 kg)（如下圖 13-3 右），未電化者用中者 (37 kg)，日本新幹線鐵路用 50T 鋼軌，如下圖 13-3 之左圖。

軌條與軌枕向來以大道釘或螺絲釘連結，但近來發現軌條所生振動為其破壞之主因，故為吸收振動計，應以彈性方式將軌條與軌枕相連而採用所謂彈性連結方式，更以所謂雙重彈性連結，在軌條與軌枕間用橡膠墊，再以彈簧夾押住軌條。

軌道鋪設所需工具及方法大略如下：

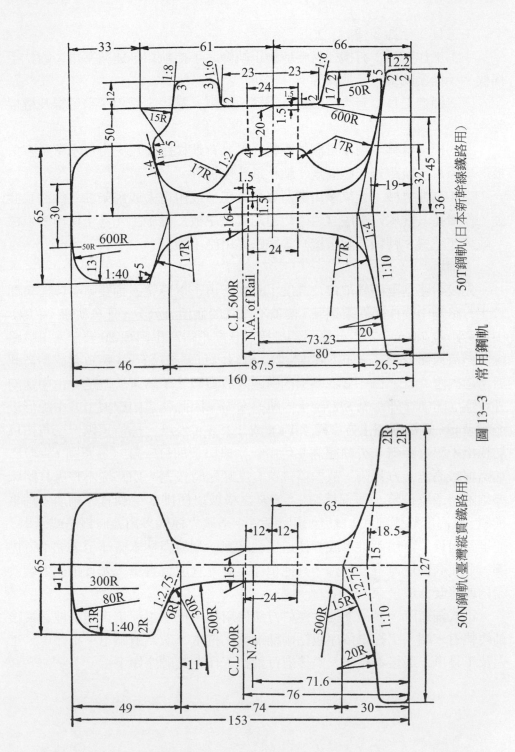

圖 13-3　常用鋼軌

1.工具：分為多種

⑴工作工具：有搬運材料或撥正軌條之手抬軌鉗、運料平車、鑽枕手搖機、手搖鑽軌機、彎軌機等。

⑵鋪道工具：有大小鐵錘、鐵鏟、鐵鍬、鐵扒、鐵鎬、整道棍及橇棍等。

⑶模卡量具：用以量測軌距軌高者。有軌枕距離尺、直尺水準及直角板、填隙片、軌距規、超高規、軌枕鑽孔模板等。

⑷鋪軌機械：近來多用機器代替人工，或用電力或用柴油（汽油）發動，作鑽孔（枕木）壓縮（道碴）連結（魚尾板）等施工。甚至採用鋪道機（軌道起重機、轉轍器起重機）等鐵路專用施工機械。

2.鋪道

先校對路基上路線地位及高度，不對時再予以修整。鋪雙軌者標樁布插於土方路基中間作為距離樁號，樁頂不得高於軌頂五公分，且自軌道（單線）中線旁距離 2.0 m～2.25 m 處另插標樁，其高不得高出軌頂 20 公分。單軌路線時標樁只露一邊（詳如下圖 13-4），直線內每隔 50 公尺，彎道起訖點需插於彎道內邊為宜。圖中 e 為彎道內軌距之放寬數，S 為通常軌距，由中線向外放寬（即中線外距為 S/2＋e，內軌為 S/2）。因此軌道中線與土方中線形成一偏差 n，釘樁應距土方中線 2.0＋n 或 2.25＋n 公尺，標樁頂鋸一三角槽以誌橫出中線之距離，外軌超高 h 可由一平缺口上加釘一釘（參照圖 13-4）。在路堤較高處土方易陷，故標樁位置高度應隨時校對，如路堤不整處其路床亦須隨時予以校整，並保持 2% 至 3% 之橫坡以便排水。軌枕未鋪前先鋪平道碴，其高度約達軌底，寬度如規定大小。道碴之運輸多用臨時鐵路或卡車，並堆置附近，再用手推車或輕便道運至路線。鋼軌與枕木搬運至工地不得拋擲，並在高燥地方堆置整齊，其他扣件工具等宜放置倉庫，尤其扣件應裝於箱內或每套紮成一束。

正式鋪道時，其最便捷之運料方法係用機車推運工程車直達工地之最後鋪竣軌道末端。工程車依序包括兩輛鋼軌、枕木，次為道碴車、扣件車、工人及工具車，最後為機車。然後進行鋪軌工作，其順序如下：

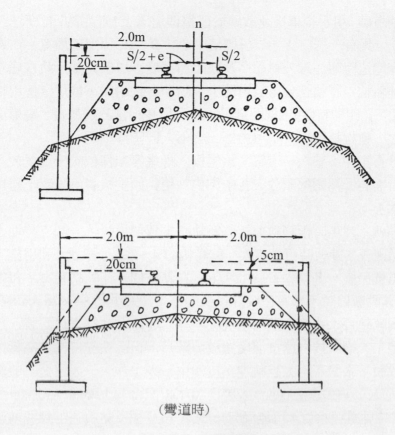

（彎道時）

圖 13–4　鋼軌鋪設

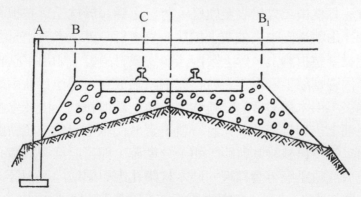

圖 13–5　道碴鋪設

　　⑴鋪道碴：用手推車推運散鋪於已整理道床上，並用約四公尺長直尺（如圖 13–5），具有一鋸口 A，放於標樁中心，B，B_1 係道碴肩寬，C 為左軌位置。倘有彎道時應注意外軌超高及軌距加寬度，道碴先鋪至軌枕底為止。

　　⑵鋪軌枕：將軌枕分布於道碴上，瞄準各枕中點，依規定使用特製鋪尺（有對孔，孔距即枕距），枕距排齊。此鋼尺長相當於鋼軌長，彎道部分應依弧形排之，軌枕易彎損，不可拋擲，宜兩人同時移動之。

　　⑶分布扣件：墊板、道釘、魚尾板、螺絲等扣件依次分別置於各枕上，如鋼枕者需將一端螺絲頭放入孔中鉤住，用鉤頭墊板者可先將一邊用螺絲旋緊於枕木上。

　　⑷鋪軌：卸車時兩鋼軌並排將鋼軌一端置於車緣，一端支持地上，然將各軌緩緩滑下。鋪軌時可由工人（每條軌約 4～8 人）搬運，利用施工機械者可由起重機吊搬。鋪軌先置於木塊上（在軌枕間，比軌枕稍高，每軌約三木塊），俾移動軌條時不致將已鋪好軌枕變移，其大小為 30×26 cm，高於軌枕 7 cm。鋼軌墊置木塊後用鋼尺量枕距，並用粉筆在軌條上作記號。然移動鋼軌向前施工，鋼軌接縫應按溫度置放填隙片，但二軌交接處之高低位置多不相合，故軌下木塊不可太近軌端。接頭由三人工作，一人緊握二軌端，一人執填隙片及外邊魚尾板，另一人將內魚尾板配合並上螺絲（先鬆上魚尾板最外二端，二軌雖已接好，可能尚有撥動）。魚尾板及軌端在上螺絲前應擦揩清淨並勿錘擊或拋擲。

　　⑸上扣件：鋼軌已暫時連接並撥正位置方向，應重行覆核一次，然後上扣件於軌枕，每枕由二人抬高至軌底，將已上螺絲於枕上之墊板鉤住軌底，依記號排列，由軌端向中央依次上扣件。釘道釘時應注意軌距是否準確，軌底外沿必須黏緊墊板鉤上，俾上緊內邊螺絲或釘道釘。如用平墊板應由工人托住枕木至內邊螺絲上緊為止。軌枕與鋼軌應成直角，俟每軌兩端及中央軌枕上緊螺絲後，用木棍斜撐於二軌條間，再上其他軌枕。由於木枕軌距難以準確，在平地上排列若干枕，先將一軌上緊於枕木上，然依照軌距於平第二軌，上緊第二軌，再核驗其軌距，如十分準確，即可照樣製成鑽孔樣板以資應用，彎道放寬軌距應另製樣板。硬木枕鑽孔應與螺絲內徑相等，柔木枕鑽孔應較螺絲內徑小 1～3 mm（視木質而定）。鑽孔應穿通木枕，上螺絲不可錘擊。

第五節　保安設施

為鐵路行車安全應作各種保安設施 (Save planning)，包括標誌 (Sign) 與號誌 (Signal)。

標誌有下列諸種：

1.沿途里程軌道標誌：表示沿途里程及軌道情況之標示者，包括：

⑴地界標：在路線兩旁、車站車場等地豎立，在直線段約每三百公尺（曲線段略增加）以 15 公分（或 10 公分）見方，長約一公尺之混凝土或石柱（露出 30 cm～60 cm 刻字）。

⑵里程標：多用石柱或用混凝土柱，標示自起點之里程，每公里或半公里、四分之一公里埋設一支。

⑶分段標：因工務需要分設若干工務段（總或分段）之標誌。

⑷橋涵隧道標：多直接漆在橋涵或隧道端柱上。

⑸道房標：將號數里程標於垂直軌道之道房上。

⑹坡度標：在坡度變更處設立之，表示大小及長度。

⑺曲線標：在曲線始末設上永久標誌。

⑻超高標（或稱遞減標）：註明曲線度數及超高度者。

⑼警衝標：在轉轍之闖車點設立之，以警告車輛停放不得超過此點，防範他軌經轉轍來車之相撞。

2.行車標誌：表示站名、鳴汽笛、速度限制、復速、慢行、停車者。

⑴站名牌：在車站站臺設立以便司機或旅客認識，有木製、塑膠製（更加照明），並加註車站里程。

⑵鳴汽標：在彎道處或固定物阻礙司機視線處或車站停車場、橋樑等 300 公尺前處設立之。高出地面三公尺，距軌中心約 2.8 公尺處豎立之。

⑶慢行標及停車標：設於正道右旁，距軌道中心約 2.8 m，高約 3 m，附照明（前者用橙色，後者用紅色）。

⑷速度限制標：在路基未臻穩固或危險處設立，大小位置同⑶，上頂釘圓牌，綠底白字，書明最高速度。

3.防護標誌：表示路面交叉、橋涵者。

⑴水平交叉防護牌：未設柵門平交道處設立之。

⑵防護牌或禁止穿行牌：在無人行便道之橋樑設立之。

號誌有下列諸種：係傳達命令給火車司機，作行進、緩行、停止者。

1.固定號誌：有遠距、進站、出發三種，狀多為臂形，白天以臂之上下示其意義，晚間用號誌燈表示，俾傳令於車輛司機，使其前進、緩行或停止。號誌以鐵製高約 5 m，底座以混凝土塊固定於地下，中間以螺栓瞄定。

2.轉轍號誌 (Switch Signal)：用臂形外亦用圓牌或矮小號誌，有高低兩種，均用鐵桿，上釘一綠色圓牌及一紫色標向板兩相交叉，成一直角。桿上裝燈，與綠色牌平行之玻璃為綠色，與標向板平行之玻璃為紫色，當轍尖轉動時，標桿上圓牌、標向板及頂上燈均隨之轉動。白天圓牌與軌道成直角，標向板與軌道平行，夜間顯示綠色燈光，均係向將進站司機指示，轍尖開通正道。白天圓牌與軌道平行，標向板與軌道成直角，夜間顯示紫色燈光，係指示轍尖開通岔道。

3.活動號誌：由站員或號誌手持紅綠旗或燈表示危險或安全。

習　題

1.何謂道碴？試述其施工方法。

2.什麼是軌枕？試詳述其種類。

3.試簡述軌道施工所需工具。

4.試詳述軌道鋪道施工。

5.何謂鐵路標誌？有哪些種類？

6.何謂鐵路號誌？有哪些種類？

第十四章
建築工程

第一節　概　述

建築工程 (Building Work) 係土木工程之分支，有關土方、基礎、混凝土等工程與一般土木工程相似，部分因結構上較精細而略有出入，且與鄰近結構物（建築物）及使用人關係密切，施工上務必小心，以達經濟、耐久、美觀且衛生以完成藝術作品。建築工程包括基礎、土方、圬工、鋼筋、模板、鷹架、木作、防水、五金、門窗等甚多項工程，今就前面尚未敘述部分簡單介紹於後。

與土木工程相同，建築工程之施工應先行清理基地，再作臨時（或永久）之排水設施，次將表土處理並挖至所需深度，施工工具及材料應另設場地（或在工地內），並測量水平及垂直兩方向之基準點以防日後建築物之變移。如在城市鄉鎮，應即先作安全設施以防行人受害並保持工地之安寧。

第二節　砌築工程

砌築工程亦稱圬工，包括磚與石之砌積。多用於建築物主體牆身或附屬之圍牆、水溝等。

砌紅磚除設計圖詳細規定外，可用英國式砌法（即一層頭磚，一層順磚相同疊砌），每層應逐層作標尺（在兩側），磚應洗淨並充分吸水，砌磚應在各接觸面塗滿水泥沙膠以漿砌（勿空砌），接縫自 8 mm 至 10 mm，上下一致。每日不得砌高度超出一公尺（或十六層），收工時應砌成階級形。露出接縫之沙膠應在未乾前削去，如有鐵件、木磚等附屬設備應妥為安置（或防腐）。尤其清水磚者應特別注意其品質（大小、接縫、勾縫用 1:1 水泥沙膠）。空心磚宜以 #2 #3 鋼筋作加強。

一塊 (1B) 砌磚牆超過 450×360 cm 或半塊 ($\frac{1}{2}$B) 砌磚牆面超過 300×300 cm 時須加補強樑，門窗之欠口作平拱，如超出 70 cm 應加楣樑。

砌石用條石、塊石或卵石，多用於圍牆、擋土牆、溝渠、護坡等，砌法與砌磚相似，一切砌高勿超過 2 m，倘為空（乾）砌者勿超過 1.5 m 高度。接縫平均 15 mm，上下勿重疊，最少錯開十五公分以上。砌塊石之空砌時可

用 0.5～3.0 cm 之小石子填縫。一般砌石應相互交錯連鎖，參照下圖 14–1。

六圍砌　　　　　七圍砌

圖 14–1　砌石方法

砌石為擋土牆者應預留排水孔（用膠管或陶管、竹管等）。

第三節　金屬工程

　　包括鋼管及鋼架工程之金屬工程，除另有規定外以日本建築學會或美國鋼構造學會之規範為準而施工。

　　所用角鋼、槽鋼、工字鋼、鋼板、圓鋼條等於接合前應作表面清潔，再焊接（或鉚接、螺栓接）。鋼料應作噴砂處理以防鏽，然立刻作第一度防鏽底漆。鋼料外露部分宜作油漆（兩次以上）。鋼料之組立先行試拼，搬至工地後以適當機具裝吊（勿損傷鋼料），校正位置正確後予以固定。經吊裝組立完成後應進行全面之補漆及補修。

第四節　木作工程

　　除另有規定外有關木造部分之一切材料、人工、設備及木料繫結附件等一切粗細者稱為木作工程。

　　木材用圓料者直徑指其小頭尺寸，樹皮應除盡並刮光，外露木料應刨光（刨光後尺寸為木料尺寸，亦則淨尺寸），誤差範圍為 1 mm。木材搬至工地後或加工後應置於通風、有覆蓋、不潮濕處，使用時有彎曲變形者應刪除。凡與土壤、圬工接觸者，其接觸面應塗滿白蟻油、柏油、防腐油等，乾燥後使用之。有關連繫用之螺釘、螺栓、馬釘、木螺絲、鐵件等補強繫件應為鋼料或鐵料。木造屋架應先作實尺樣板，有天花板時不必刨光，節點處宜作榫

接且螺栓固定。人字木（上弦）每隔約 90 cm 應釘止滑以防檁（桁）木之滑移，椽子距離約 45 cm 與桁木直交，屋面板用 12 mm 木板或 10 mm 塑合板，以鐵釘固定於椽子上。屋架兩側最少有一根 19 mm 直徑螺栓錨定於牆（或柱）內 25 cm 以上深度。封簷板雙面均需刨光，與桁木椽子接合處採用錯口對接方式並以鐵釘二支固定。樓地板應企口接（暗釘），板寬 12 cm 以下。木隔牆牆筋、橫檔等須鑿孔裝入釘牢，板條接縫每隔一公尺左右參差相釘。天花板平頂吊筋格柵應能負荷人體重量，四周應水平，中間可略為向上高些，有印花或吸音板時須帶手套以防汙染。天花板施工應與空調及其他設施密切配合，並預留照明、消防、空調等開口。

　　畫鏡線、踢腳板、窗簾箱、門頭線、大頭板、窗盤板、窗盤線等細木工作應作企口，暗釘釘牢，不可隨意接續。表面裝修之施工面應先行清理潔淨乾透。膠結之溢出膠應未乾前拭去，釘結不得損傷表面。

　　五金之安裝應調整至使用時不發生聲響，門球把手等沒有擦痕、凹痕等。

第五節　防護工程

　　建築物之防護有防水、防潮、防熱、防火等工程。

　　鋪貼式防水膜防水工程，由防水膜、底油及封合膠泥材料，層頂至少有五公分厚泡沫混凝土，地下層外牆部分為 3 mm 厚浸柏油甘蔗板。先作表面處理，塗布底油（約 6–9 m^2/ℓ）30 分鐘後呈黏稠狀態時鋪裝防水膜（4°C 下最佳），其接縫至少疊接六公分，鋪裝時立刻壓鋪貼牢。防水膜上須加保護層以防長期之曝露日曬。

　　油毛氈之防水工程用於屋面、地下室，採用二層合成之每捲 1 m × 21.6 m（35 公斤重）油毛氈、瀝青塑膠、瀝青（七號屋頂柏油）、隔熱磚以及輕質混凝土。施工時必須先做整體隨打粉光，防水層施工前，混凝土面先清淨並補妥其縫隙，乾燥後塗布瀝青塑膠油（0.11 加侖／每平方公尺），然敷設組合施工面（以瀝青四度膠合油毛氈三度，及輕質混凝土），最後鋪隔熱磚或方磚。油毛氈鋪至女兒牆時應斜角彎折鋪於垂直面上至少十五公分，並以防水劑封口。隔熱磚每兩公尺處應做瀝青伸縮縫（寬約二公分）。

　　防火耐火被覆材料必須符合防火時效之國家標準，依照其施工手冊指示施工。鋼材表面需乾淨（油汙、鏽蝕要除去）並補底漆，施工前放置適量厚

度指示釘（每 m² 至少四支）以控制噴布施工厚度。

防水填縫工程多係門窗、玻璃、混凝土帷幕牆、工作縫及其他防水填縫 (Sealers)，包括一液型填縫劑、二液型填縫劑以及一切人工、工具機具等。

材料除上述兩種外，有清潔劑、底塗料、填縫遮蔽膠帶、襯墊料 (Back up Material)。施工前表面要清淨或補修，或塗刷（多孔性表面），並保持乾燥。填縫深度最少 6 mm，沿縫兩側貼遮蔽膠帶須整條，不可搭接。

第六節　門窗工程

以往門窗係木作工程，惟近來多改用金屬材料，茲就後者說明於後：

鋁門窗工程包括鋁門窗及配件、五金、固定片及其安裝工作，玻璃裝配、防漏裝配一般不包括。鋁門窗在安裝前檢查框料是否正直（稍許者校正之），與坿工接觸處以柏油或鋅鉻黃漆塗刷，外露部分宜包裹（完工後再清除之），每隔 45 cm 用固定片或螺絲固定，並與四周密接。門窗依式樣及型料鑲嵌毛刷條及塑膠防雨條以外，內外框應緊密，外門窗框外向四周之坿工粉刷應預留一公分凹槽，以便噴射防水填縫劑一條，防止雨水之滲入。尺寸允許公差為 2 mm。

鋼門窗工程應在正確位置並配合其他工程，四周每隔 50 cm 應以鐵件固定，門窗框與坿工接合處應以水泥漿灌實。所有鋼門窗在工廠內應施行一度防鏽底漆，安裝後再施防鏽底漆一度及面漆二度。

不鏽鋼內窗包括其型式、尺寸、厚度以及安裝所需材料、人員、工具等。不鏽鋼門窗之安裝，以槍彈式擊打器將釘打入，固定於四周結構體，再以三號鋼筋將門窗焊牢，再除掉預先保護用之塑膠布等，並再噴一層透明保護漆。其他與鋼門窗相同。

鋼捲門工程之捲門有彈簧式、手搖式、鏈條式、電動手搖兩用式及電動鏈條兩用式等五種形式。兩端固定（或防風）搭扣至少二根鉚釘，搭扣間隔不超過十公分，捲軸由一鋼管製造，傳動機構不可有不良或不正常噪音或震動，捲門均須 24 號鋼板製捲箱。除在工廠塗一度防鏽底漆外，安裝後應再油漆。

門窗工程所用五金包括鎖、鉸鏈、門止、天地門、插梢、推手板、推桿、自動系統、軌條、滑車等等。鉸鏈之安裝，上鉸鏈頂邊距上帽頭 15 cm，下鉸鏈離地面 25 cm，中鉸鏈在中間，門鎖轉扭手把距地面 90 cm，推手板（拉

手板）距地面 100 cm，固定鎖距地面 120 cm，其他門弓器、門檻、防水條、門止等應依原廠說明妥為安裝。各種自動門控制箱應裝於門框上方橫樑中，安全開關之傳送器、接受器等及電源、變壓器等應依原廠規定裝設，可能者請出品廠商派專人負責裝設或指導。

門窗用玻璃、明鏡等應俟全部門窗裝妥塗底漆後安裝之，其前框槽內先塗滿油灰，金屬框用鐵頭安置妥貼後在前面嵌用油灰，鋁門窗用鋁押條牢固之。鋁門窗以雙面塑膠押條安裝玻璃，木門窗以木壓條安裝玻璃。如規定用填縫劑者其防水橡皮條應使用合成橡膠，溝縫填塞條用高密度泡棉。大塊玻璃用襯墊用純淨塑膠之成型襯墊。

金屬帷幕牆應安全、耐水、耐震。安裝前檢查各項繫件是否固定於結構體內，是否已塗防鏽紅丹，使用填縫劑者在溝縫填塞塑膠泡棉作填塞條（大於 5 mm 深），兩側面貼大覆蓋膠紙條（1.8 cm 以上寬）。安裝玻璃用安裝墊及填縫之襯墊應用合成橡膠之成型襯墊，裝設完成後方撕去表面保護物並拭抹乾淨。

第七節　裝修工程

粉刷工程在打底以前應清潔施工面，彈平直粉刷標準線，然照樣拉線，先作高低及基準灰誌一道，灑水濕潤後以 1:3 水泥沙漿填抹，並以刮尺按照灰誌刮平（填抹厚為一公分），陰陽角以長規尺粉抹，使表面平坦，但要刮糙。打底後在其粗糙面上以水泥沙漿粉平，不容有波紋，陰陽角均挺直。如係石灰粉刷者在打底施工面上再以石灰砂漿打底（一公分厚），稍乾後再粉石灰漿厚 2 mm 左右。水泥石灰粉刷時亦先行打底，面層以水泥 1，大白灰 1.5，沙 6 之灰漿配比加適當水分，粉光為光滑平整、無波紋、無鏝跡之表面（厚約 5 mm）。噴有色水泥時亦先打底乾後清淨表面，以白水泥 71%，石粉 20%，防水劑 3%，硫化鋅 5% 與適量礦物顏料之配合料，調勻後經 80 號鋼網過濾，停存半小時後以噴霧器噴射第一層、第二層（相隔 2 至 3 小時）。

有筋鋼板網 (Rib Lath) 防水粉刷用於隔牆或平頂。施工前查驗有關工程（如給水、消防、汙水管線、空調配管、風管之預留修口等）。槽鋼安裝後裝肋筋 (Rib)，突出部分以鋅線或鐵線繫牢，肋筋之搭接嵌槽用鍍鋅鐵線繫牢，平行於肋筋方向之搭接長至少五公分並以鍍鋅線繫牢。然以水泥 25%，沙

65%，石灰 7%，絨麻 3% 之配比加水拌合，採用壓縮空氣之噴嘴尖端噴塗底層，經一天後再噴中塗層，乾燥後噴上塗層。至於平頂先安裝骨架，其搭接以鍍鋅鐵線繫牢，搭接長 30 cm 以上，有筋鋼板網及防水水泥噴刷如上。

　　石膏板多用於隔牆及平頂天花板。石膏板應能防火、防濕，其附件有垂直槽鋼、水平槽鋼、小型槽鋼、門楣補強、懸吊繫綁鐵線、護角鐵片、隔音纖維氈、金屬飾條、金屬角鋼以及填補劑、膠合劑、隔音填塞劑等。作為隔牆時先安裝槽鋼，間隔 60 cm（天花板、地板槽鋼均然），有間柱或轉角處亦勿超過 60 cm 距離，門框有兩支連接垂直槽鋼用螺栓鎖住。石膏板直立使其邊端在垂直槽鋼中心密合，並以間距 30 cm 一個螺絲固定。有挖洞處宜以 5 cm 厚隔音纖維阻隔之，轉角處應以護角鐵片保護。天花板之水平槽鋼相隔最大 120 cm，並以鍍鋅鐵絲懸吊（120 cm 以內），小型槽鋼（60 cm 間距）以小型槽鋼頭固定。石膏板以十字支撐後，間距 60 cm 以螺絲固定於小型槽鋼。天花板安裝後檢視其是否水平而加以修正，一般牆面不可超出 10 mm，天花板在 60 cm 內不可超出 3 cm 之凹凸。

　　陶磁磚（包括地坪、牆面用之磁磚、克硬化磚、窯變磚）工程之打底，水泥粉刷如上述，然作墨線放樣，縱橫均正直，平直鋪貼陶磁磚，一般勾縫寬自 3 mm 至 10 mm，深度自 3 mm 至 12 mm，安裝後磚面應擦淨，在未硬化前避免遇水或溫度之過冷過熱。

　　磨石子工程如顏色磨石子用白水泥，鑲嵌條（隔條）有 1.5 mm 厚，15 mm 寬之黃銅條或塑膠片。磨石子宜於硬質地板或牆面，並於其他工程完成後方施工，打底用 1:3 水泥沙漿粉平（有糙面），鑲嵌條間隔最大一公尺，小石與水泥配比為 2:1（重量比）加適量清水，面層鋪設時先豎立鑲嵌條（以水泥固定之），傾入水泥石子混合物後用較重滾筒輾壓，擠出多餘水泥及水分後用鏝刀拍壓成光滑表面且露出 75～85% 之石粒（均布），保持六日之潮濕後作初步打磨，二日後再打磨（最少四次），磨光後以清水或皂水清淨，乾燥後用地板臘打臘兩次至平整光滑為止，打磨時之渣滓應集中，搬出工地。

　　洗石子工程應用堅實之石子（有各種類），底層用 1:3 水泥沙漿粉平，面層用石子 1.5，水泥 1，石粉 0.25 配比拌合物粉刷（先打一層水泥漿），俟水泥初凝後以噴霧器噴洗使石子露出（一次粉完）。

　　斬石子工程由水泥、沙、碎大理石（或塞小石）拌合物，其配比為水泥 1（多為白水泥），碎大理石或其他石子 2，及適量石粉，礦物色顏料。其施

工與磨石子相似，不同者俟初凝後以小斧或扁鑿琢面，其紋色有多種，外觀猶如岩石砌積，惟日後易生裂紋、易穢。

平頂礦纖吸音板工程應預留燈具、空調等所需開口，其框架應予適當支撐。先裝設擊釘片再以 12 號鍍鋅鐵絲或吊筋穿過擊釘片下端圓孔並固定之。再釘壁條（L 型收邊壁條），上主架、支架（以吊筋吊住），調整其水平，安裝燈具，空調風口等天花板附著器具（吸音板表面要挖孔），最後將礦纖吸音板懸放於架上。

平頂鋁板天花工程先標天花板高度，將 1.2 mm 鍍鋅鐵片固定於樓板，以 6 mm 雙頭牙吊筋上端固定在鍍鋅鐵片（90 cm 間隔），四周牆邊做收邊鋁料，次將鋁骨架（相隔 60～90 cm）與鋁板直交並固定於 6 mm 吊筋下端，再將鋁黑縫帶穿進鋁骨架縫槽內，最後將鋁片卡裝於鋁骨架上。

膠鋪地磚工程用塑膠地磚、石棉塑膠地磚、瀝青地磚等，以不含酸鹼或有損塑膠之防水強力接合劑作地板。在圬工地面上用 1:3 水泥沙漿粉光作底層，如在木造上者木地板應釘牢並鉋光。在地板中間畫準垂直線，依此向四周鋪貼，接合劑要平均塗布底層上，張貼後作充分之滾壓。有踢腳線者應於地磚鋪後再裝貼，完成後檢查是否平坦、清潔，最後宜打地板臘至光亮平滑為止。

地毯工程，有機製化學纖維地毯（有圈毛型、剪毛型兩種），機製羊毛地毯，均需處理以免發生靜電現象。施工前地面須清潔、補平，盡量用大尺寸（與地面相等）地毯，減少拼接。鋪設時地毯應拉緊，緊貼地面、周邊及拼接處以板條加釘頭固定之，釘頭長勿超過地毯厚一半。

石材貼面工程採用大理石、花崗石、蛇紋石等以 1:1 水泥沙膠作接合劑。用於牆壁時以鐵件接合固定，並預埋 3 號或 4 號鋼筋於鋼筋混凝土牆壁以便焊接。石材與牆面間空隙，於貼砌用石材邊端以木楔使石材貼牢，並校正其垂直或水平面，如有誤差以輕敲木楔調整之。石材地板者施工前先行清潔，並以 1:2 之水泥沙漿鋪 3.5～5.0 cm 厚水平底層，鋪石材時澆以 1:1 水泥沙漿而打緊固定（兩天後方可踐踏），並清潔表面。

結構物之外露部分多以油漆來保護，建築物中鋼結構物表面、鋼捲門窗、木造門窗應做油漆，近來連圬工部分亦盛行油漆。油漆有調和漆、噴漆、紅丹底漆、烤漆、室內用乳化塑膠漆、油性凡立水、木器用透明度底漆及二度漆、透明噴漆、室外用乳化塑膠漆，亦用花紋塗料、防腐劑等。需油漆之表面應先行清潔，雨天時或潮濕之表面不能逕行油漆。鐵件先塗一度清洗用底

油，再塗一度紅丹油漆，安裝後塗面漆二度。木造面先用砂紙磨平並填縫後塗底漆一度，最後塗面漆二度。如改用乳化塑膠漆者至少塗三層，用防腐劑之木門窗樘子接觸圬工面須勻塗兩次，惟不得汙染外露表面木料。

第八節　其他工程

電梯、昇降機之裝設應由生產廠商派人或專門技術人員施行之，檢查與結構體之連接是否安全、有沒有監視盤、緊急通信對講機及紅色警示燈、緊急廣播系統等，並在機房、升降道、車廂預留配線。

空氣調節工程中機器、基座、避震設施及其混凝土工程；水管系統、風管系統、自動控制系統、配電等除土木部分外大多應由水電或冷凍技術員工施工，其與建築物結構物連接處應預設繫件或開口，排氣方向勿影響本身建築物及鄰近房舍。防音、防熱設施亦同時妥善施工。

給水衛生工程包括給水系統之冷熱水器及其配管，排水系統之汙水配管，雨水配管，通風（氣）配管，衛生設備之抽水馬桶、洗盆、淨盆、浴缸、抽水機（給水或排水）等之裝設及配件（管）之連接和裝設試驗檢查應合乎有關規範。

消防工程包括消防栓、自動灑水、管路系統等設備及安裝，同時應配合電機、空調等工程。詳細設備有消防抽水機、屋內消防栓箱、消防隊用出水口箱、消防送水口、自動灑水設備、鍍鋅鋼管等，其安裝應依消防有關規定施工，並作消防安全檢查後方可。

電氣工程包括電燈、插座、動力、緊急發電機、變電設備、火警報知系統、音響系統、避雷針系統、電鐘系統、無線電及電視天線等之配管配線，器具安裝、接地，裝設。屋內電氣設備除另有規定外，均依照臺灣電力公司之「屋內線路裝置規則」辦理。電源線應延至馬達或主機之出線口，預留配合各種設備連鎖控制線路所需接點至接線端子板。敷設導線管及出線頭工作應配合建築物施工，不可穿鑿已完成建築物。管線通過地下層外牆務必作防水套。動力線、照明電線、通訊（含音響等）電線等不同種類管線宜分別安裝，其埋設於建築物結構體表面者應不可妨礙結構體強度（應埋設於配筋內面，勿在保護層裡）。如電錶箱、總開關（控制）箱之安裝於砌磚牆者，應事先預留開口，切勿裝設時方任意敲鑿。

習　題

1. 建築工程應先行哪些工程？試詳述之。

2. 試詳述建築工程中之砌磚施工方法。

3. 何謂木作工程？試略述其施工方法。

4. 試略述防護工程內容及其施工方法。

5. 試詳述鋁門窗工程之施工方法。

6. 何謂裝修工程？試就其中一項加以詳述。

7. 試詳述石材貼面工程施工方法。

8. 建築工程中之其他工程包括哪些？試簡述之。

第十五章
地下結構物工程

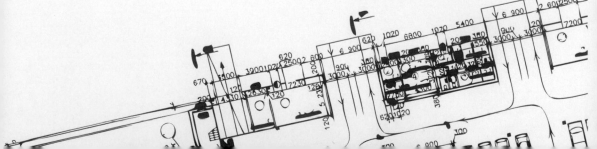

第一節　概　述

　　地下道路、地下鐵路、地下街、地下槽、水路（暗渠）、地下共同槽溝等，並不承載上部結構物荷重之地下結構，與隧道相似，但不向橫向挖掘，而主要向下挖掘者統稱為地下結構物或地中結構物 (Sub-structure)。

　　地下結構物工程之施工法大致可分四種（請參照下圖 15–1）：

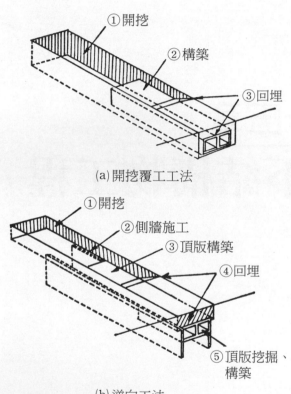

①開挖
②構築
③回埋

(a)開挖覆工工法

①開挖
②側牆施工
③頂版構築
④回埋
⑤頂版挖掘、構築

(b)逆向工法

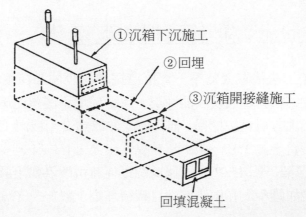

①沉箱下沉施工
②回埋
③沉箱開接縫施工
回填混凝土

(c) 壓力沉箱工法

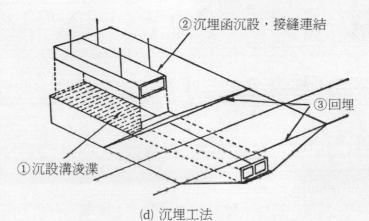

②沉埋函沉設，接縫連結
③回埋
①沉設溝浚渫

(d) 沉埋工法

圖 15-1 地下結構物施工法

1.開挖覆工工法 (Cut and Cover Method)：如圖(a)。

2.逆向工法：如圖(b)。

3.壓力沉箱工法：如圖(c)。

4.沉埋工法：如圖(d)。

第二節　開挖覆工工法

開挖覆工工法係在大氣壓下直接挖掘地面至所需深度後構築地下結構物，完成後在結構物四周及上面回填，以形成地下隧道之施工法也。如地面不受限制寬闊地方可直接挖掘，惟其坡度要成為安全坡面（安息角下），一般容許坡度在砂質土為 1:1.5～1:2 ， 在黏性土為 1:1～1:1.5 ， 在乾硬黏性土為 1:0.5～1:1，參照下圖 15–2 (a)。倘情況不佳時可改為如下圖中(b)在結構物兩側打板樁，或如圖中(c)在兩側坡面打板樁作擋土設施。

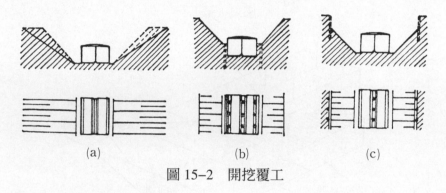

(a)　　　　　　　(b)　　　　　　　(c)

圖 15–2　開挖覆工

一、襯壁 (Coffering)

在城市狹隘場地，應作下圖 15–3 之四周陸上圍堰（參照第四章）以襯砌固定再進行挖掘。深度挖掘之圍堰或襯壁工程應特別就外力（土、水壓）、撓度、外圍地盤沉陷檢討之。圖 15–4 係柏林式橫向板樁之圍堰，多以 H 鋼作橫向支撐。圖 15–5 係以地錨支承，適於廣幅地區之挖掘。

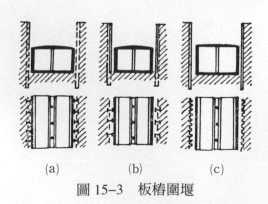

(a)　　　　(b)　　　　(c)

圖 15–3　板樁圍堰

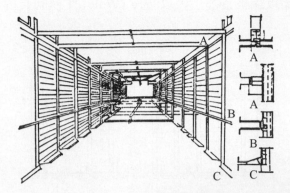

圖 15-4　柏林式板樁圍堰

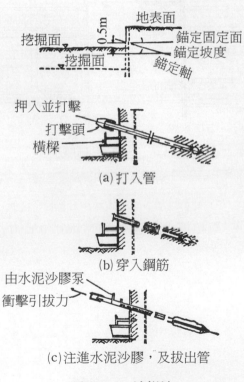

(a) 打入管

(b) 穿入鋼筋

(c) 注進水泥沙膠，及拔出管

圖 15-5　地錨法

下圖 15–6 係以鋼板樁擋土，以腰樑 (Wale) 作橫向支撐。

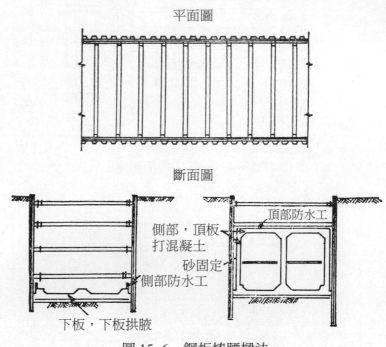

平面圖

斷面圖

頂部防水工

側部，頂板
打混凝土

砂固定

側部防水工

下板，下板拱腋

圖 15–6　鋼板樁腰樑法

二、路下式開挖工法

於城市街道挖掘中必須維持交通暢通時，應作如下圖 15–7 之路面覆面之圍堰。路面覆面一般由覆面板、小樑及大槽型鋼所構成。

路面覆面板以往多用厚木板或角材，今多改用薄鋼板，有時亦用鋼與混凝土之混合覆面板。小樑常用 I 字形鋼，大者用 H 鋼，並以地錨固定。大槽型鋼應固定於支柱。如在水中，淺者如陸上圍堰，深者應作雙重之板樁方可。

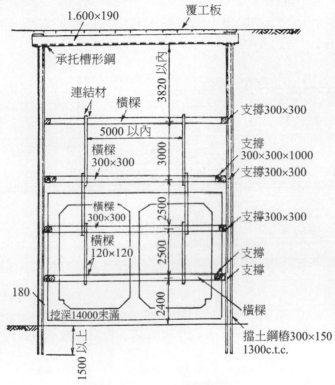

圖 15–7　路下式開挖

三、地下結構體之構築

1.不利用陸上圍堰作為外部模板者

如欲回收陸上圍堰用鋼板樁時，應依下圖 15-8 多出結構體 0.8 m 至 1.0 m 寬度作圍堰，以便外部模板及側牆之防水施工。其構築步驟如下圖 15-9，①～③，一段落一段落往下挖掘並作腰樑至所需深度，至深度後打設混凝土底如圖中③。此打底混凝土亦兼作圍堰底，於乾燥硬化後再打結構體之鋼筋混凝土後撤除最下端之腰樑（如圖中⑤）。然後構築側牆及上層後回填至最上端腰樑（如圖中⑥）再撤除最上端腰樑，其次回填至地表面（圖中⑦）後撤揮圍堰（圖中⑧）。

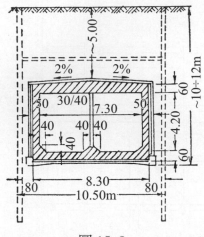

圖 15-8

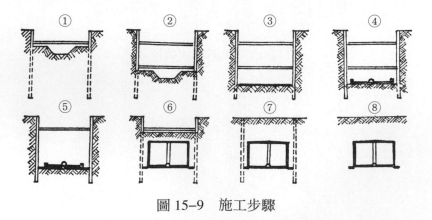

圖 15-9　施工步驟

2. 利用陸上圍堰作為外部模板者

倘橫向板樁之圍牆之木板可以埋死不回收時，將側牆圍堰板內面固定（釘接），背面填充沙作為外部模板，打設混凝土及防水施工。

四、場鑄混凝土圍堰牆

1. 場鑄混凝土連續樁牆壁

如圖 15-10 於開挖部四周進行連續場鑄混凝土樁施工，作為圍堰之牆而構築結構體。圖中 I～VI 表示連續樁之施工、挖掘、構築之步驟。

連續樁牆對側壓有充分抵抗力，故沿著其內側所構築之結構體牆壁可視為非承充牆但要防水。惟場鑄混凝土樁多在水中施工，其水密性耐久性不太可靠，故結構體內牆至少為鋼筋混凝土之能承受地下水壓者方可，或同時承受土壓者，連續樁牆之強度應打折扣。

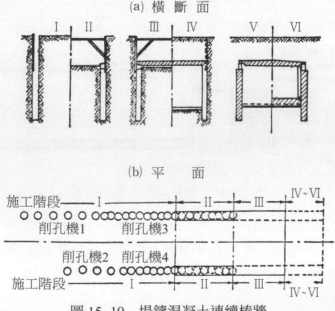

圖 15-10　場鑄混凝土連續樁牆

2. 場鑄混凝土地下牆壁

如圖 15-11 所示在開挖部四周進行場鑄混凝土地下牆壁之施工並作為圍堰牆而構築結構體。圖中 I～VIII 係其挖掘及結構體構築之步驟。

(a) 橫 斷 面

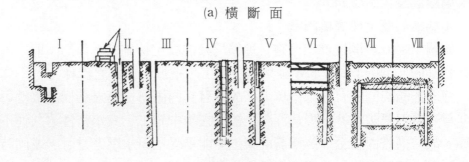

(b) 縱 斷 面

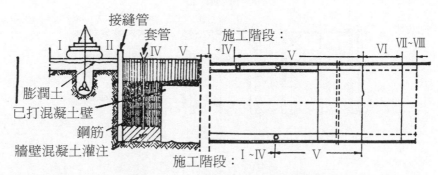

圖 15-11　場鑄混凝土地下牆壁

地下牆壁之施工法有「ICOS 工法」、「Sole Tanche 工法」、「Else 工法」等，主要以挖溝機械而異。其中有共同者係均採用膨潤土 (Bentonite) 懸濁液，灌滿於挖掘好之溝中以防止溝壁之崩潰，亦稱泥水工法。

　　ICOS 工法係義大利所開發，利用沖擊鑽頭 (Percussion bit) 穿孔，並由鑽頭先端孔中壓力水將鑽出土方（泥水）往上送之方法。

　　Sole Tanche 工法係法國所開發　，以沖擊式特殊裝備挖開土方後用吸收管，由泥水泵抽出者。其挖掘機事先裝於軌道中（溝上）並在一空間隔內來往逐漸往下深挖。挖好溝後插入鋼筋網，以混凝土導管灌築混凝土之施工法也。參照圖 15–12。

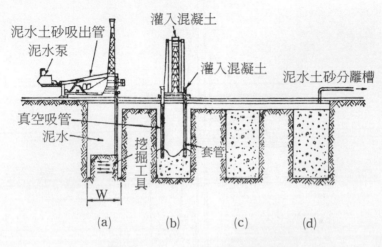

圖 15–12　Sole Tanche Method

　　Else 工法係義大利所開發，如圖 15–13，沿垂直之導桿在溝寬內上下之
鑿土機（由地面上挖掘機之繩索或油壓千斤頂操作）挖掘溝底土方之方法也。
亦可與場鑄混凝土地下牆壁（圖 15–11 之(a) VIII）相似，在內面設置結構體
內牆。如混凝土灌築，間隔間防水板加以慎密處理，作成水密性之地下牆時，
內面僅作水泥沙膠粉飾就可作為結構體側牆使用。

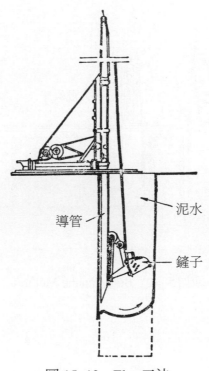

泥水

導管

鏟子

圖 15–13　　Else 工法

第三節　逆向工法

　　逆向工法係於陸上圍堰內挖掘至上層板，先構築以樁，鋼板樁或地下牆支承上層板，然將上面回填，再進行上層板以下之挖掘方法也（參照圖 15–14）。自上層板往下之結構體之構築應俟到達所需深度後，先灌築下層板，再灌築牆壁混凝土，牆上端與上層板施工接縫處宜用乾填充 (Dry Packing) 等之水密性者。

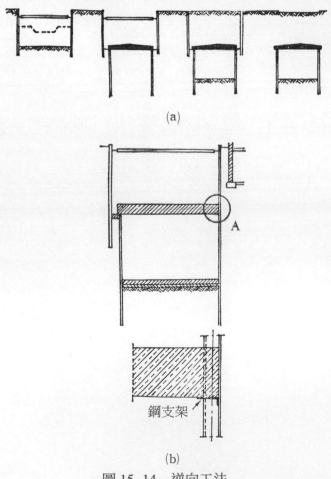

(a)

(b)

圖 15–14　逆向工法

　　逆向工法中上層板覆蓋土方大時，在上層板底之挖掘室內輸進壓縮空氣，以其壓力來抵制挖掘底面軟弱土壤之突起以求安定。如此者應在工區一端設置貫穿上層板之豎坑或空氣間以便進入挖掘室，並由豎坑向隧道方向進行挖掘作業。此稱為逆向壓力工法。

　　上述逆向壓力工法中如上層板之覆蓋土方重量不足壓力之上揚力者，上層板有被擠破之危險，且圍堰與上層板間之接合未密接，即發生漏氣。因此僅適用於甚深且軟弱之黏土層之挖掘，一般少用。

　　不用壓力之逆向工法使用於都市街道下工程時，不作路面覆工而代以回填並恢復路面，往下作業即不再妨礙路面，惟固定於上層板混凝土之鋼樁，鋼板樁就不能回收而埋死在裡面。上圖15–14中鋼樁就作為結構體之側牆構材，遺留在結構體中。

第四節　壓力沉箱工法

　　在軟弱地層之深挖掘時不能作開挖工法，臨接重要結構物或水底隧道等進行地下結構物之施工多用壓力沉箱工法 (Pneumatic Caisson Method)。用本法作地下隧道時，應將隧道區分為適當長度，而以此適當長度作壓力沉箱，並使其下沉，其接縫用圍堰內部壓力接縫工法密接之。如情況容許應在地面上作好壓力沉箱再下沉，參照圖 15–15。但如城市街道下隧道不能在地面（路面）製作壓力沉箱時，應依路下式沉箱工法（圖 15–16）在路面覆工下面構築沉箱，進行地下施工。

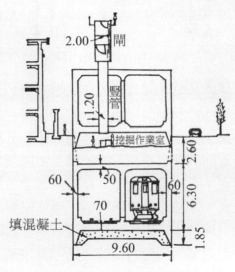

圖 15–15　壓力沉箱工法

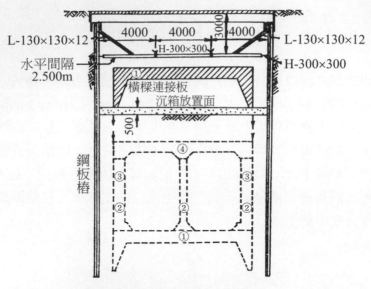

圖 15-16　路下式沉箱

　　水中壓力沉箱工法應作雙重鋼板樁（參照第四章）之圍堰堤，在堤內構築沉箱再進行下沉施工。此時圍堰內緣（內側鋼板樁）平面尺寸應考慮模板組合、材料搬運等作業上必要空間，一般多出沉箱尺寸約 1.5 m 至 2.5 m。

　　圍堰內之沉箱裝置面宜在水平面下一公尺。倘圍堰堤防水良好，不致有湧水或湧沙至裝置面者，在圍堰安全允許範圍內盡量設於較低處。如有廣大之開放水面可資施工者，未必作雙重鋼板樁，僅作簡單之土堰堤亦可。

　　但水深特別深或工地狹隘無法作圍堰者可改用浮式沉箱工法。

　　壓力沉箱接縫多用圍堰內側壓力接縫工法，其最基本之圍堰內側壓力逆向工法情況如下圖 15-17。圖示由於沉箱工法之水底隧道之縱剖面之剖切部分。

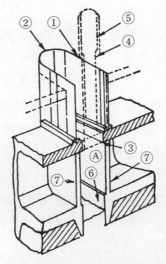

圖 15-17　沉箱工法水底隧道縱向剖面

　　首先在沉箱上構築之鋼板樁牆①兩端連接於以半圓形打進鋼板樁兩側圍牆②，再襯砌接縫周圍。其次進行接縫間上層板之鋼筋混凝土③施工，安裝豎管④與空氣間⑤，輸送壓力空氣進入上層板底下，排除臨時牆壁⑦間之水與土沙。然後挖掘至下層板，灌築混凝土底及下層板⑥混凝土。其次在兩側牆及中間牆（圖上看不見）作鋼筋混凝土施工，連結下層板與上層板。最後沿著沉箱內面切斷臨時牆壁而撤除之。

　　水面下或水底面下沉箱甚深者應作雙重鋼板樁。

第五節　沉埋工法

　　所謂沉埋工法係將隧道分割一小段之沉埋管，先在乾塢等地面上場地先行築造後，浮上水面或拖至預先已挖掘妥當之水底溝上沉置，並在水中將各小段沉埋管相互接合，回填水底溝以建造水底隧道之施工方法也。易言之，係預製隧道也。又因在事先挖妥水底溝上沉設（如圖 15-1 (d)），故亦可稱為開槽工法 (Trench Method)。本法多用於水底隧道，如高雄港過港隧道就是採用本法，在陸地上開築運河亦可用本法。本法對港灣、新生地等軟弱地盤甚有將來性。

沉埋工法有下列優點：

1.因沉埋管在廣大場地製造，可得良好品質。

2.由於預製，工地作業短，工期可縮短。

3.由於利用水之浮力，巨大沉埋管亦易處理且安全。

4.沉浮於水底，地質相差及地盤軟弱之影響小。

5.只要有足夠水深供航行，沉埋管之覆蓋及延伸長均可縮小且經濟。

6.在軟弱地質上比潛盾工法經濟，對地震亦較安定。

反之，沉埋工法亦有下列缺點：

1.水流快，影響沉埋作業，故僅適於緩流之港內及河川。

2.在狹窄水路或航行頻繁處作業，有礙航行。

3.水深太深或太淺均不利。

沉埋管剖面由於使用目的及對水壓之結構兩方面而異。結構上圓形最有利，但交通用車線多者不得不用箱形或方形。如有雙軌鐵路者中央宜設隔牆（高雄港過港隧道就設置）。沉埋管之製造有兩種，一在乾塢以鋼筋混凝土製造本體並以瀝青作防水處理。另一將沉埋管外殼之鋼殼先在造船廠製造並浸水浮在水面後，裝置鋼筋於內部，灌築混凝土（稱鋼殼法）。

沉埋式隧道用之沉埋溝浚渫，由於水底下砂或黏土層等較軟土壤之挖掘，故容易施工且價廉。其浚渫視工程情況用抽砂船、抓斗船或斗式輸送船。

挖掘之沉埋溝底面與沉埋管底間孔隙應以砂、碎石或水泥沙膠作基礎或灌注。

沉埋管之沉設一般用雙隻船或浮筒吊下裝設方法。於此應加載重於沉埋管來下沉之，其加載重有注水於管內水槽，或以碎石等放置管上。亦有在水底埋設錨定物而將沉埋管拉下沉設者。

沉埋管之接合有與本體同樣強度剛度之全強剛接縫，柔性之軟接縫，中等剛性之半強接縫等三種方法。於水中之接縫施工應在新設管接頭端四周裝設橡膠墊圈 (Rubber gasket) 以千斤頂移接已設沉埋管並壓接，然排除埋管中水，再次於新設管另端靜水壓強制壓緊橡膠墊圈，至完成止水之方法最常用。至回埋係保護沉埋管上緣所必要者，其覆蓋厚度約 0.5～2.5 公尺，為避免被水沖散計，宜用重量粗砌石襯砌。

習　題

1.何謂地下結構物工程？試舉例簡述之。

2.試略述開挖覆工中之襯壁工法。

3.試略述開挖覆工中之路下式開挖工法。

4.試簡述地下結構體之構築施工法。

5.試詳述逆向工法。

6.試簡述壓力沉箱工法。

7.試詳述沉埋工法及其優點。

第十六章
機場工程

第一節 概 述

供航空器（簡稱飛機）之運航（包括起飛、降落、停放）之區域設施稱為航空站 (Air port)，簡稱機場。可分為商用與軍用兩種，又分為陸上與水上兩種，一般多指前者，陸上商用航空站簡稱為空港。

一般機場之配置名稱如圖 16–1。

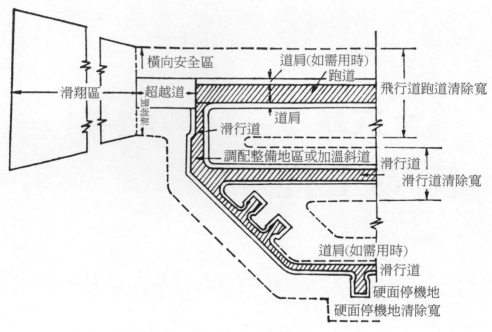

圖 16–1 機場配置

　　機場中飛行帶之各部名稱如圖 16-2，至於飛行帶以外各部設施名稱如下圖 16-3。

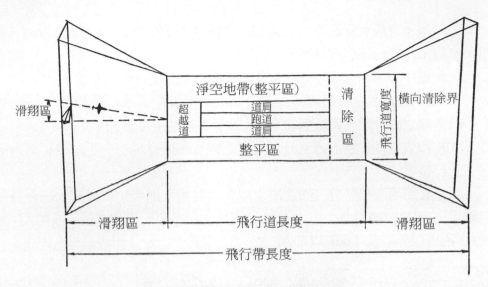

圖 16-2　機場飛行帶

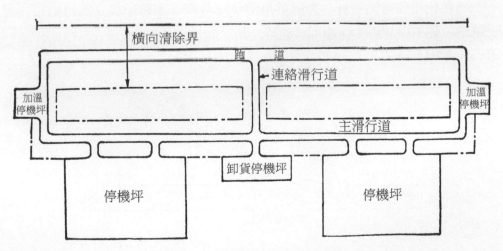

圖 16-3　機場飛行帶以外部分

第二節　跑　道

一般跑道之最大縱坡為 1% 至 2%，橫坡為 1.5% 至 2%。根據 ICAO（國際民航組織）有如下詳細基準：

　　1.跑道中心線最大高程差除以其延伸長之商應在 1% 以下為宜。

　　2.部分縱坡度在降落場 (Landing Area) 等級在 A.B.C 時應為 1.25% 以下，但兩端之四分之一部分應在 0.8% 以下，其他跑道應在 1.5% 以下。

　　3.在跑道上任一點上方三公尺處應能觀看跑道長至少一半距離範圍內上方三公尺位置。

跑道必須用高級鋪裝（如混凝土或瀝青混凝土鋪裝）以適應大型化飛機之載重。鋪裝面應平坦，在三公尺見方內之凹凸不可超出 3 mm （ICAO 規定），跑道以外者在 5 mm 以下。

第三節　高速脫離滑行道

為使儘早開放跑道計，將降落飛機快速自跑道脫離所設之滑行道日高速脫離滑行道 (High speed exit taxiway)。其平面構造如圖 16–4，其路面鋪裝同第二節跑道。

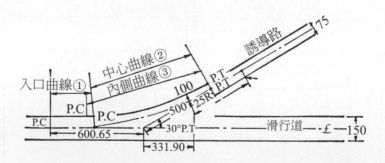

曲　　線	△	R	T	L
①	5°	3,206.60	140	279.83
②	25°	1,826.85	405	797.11
③	30°	1,548.80	415	810.95

圖 16–4　高速脫離滑行道平面

第四節　機場材料與施工

一、基礎工程

土方、骨材必須經過含水量試驗、密度試驗。支承力應作平板載重試驗。路床現場密度必達 95%（最大密度）以上為標準。剛性鋪裝之路盤 K 值應在 7 kg/cm³ 以上，柔性鋪裝上層路盤用材料之修正 CBR 應在 80 以上。

二、混凝土鋪裝

施工厚度不可與設計厚有 5 mm（較薄者）或 10 mm（較厚者）以上之相差，其竣工表面，在三公尺見方內不得有 3 mm（跑道）或 5 mm（其他）之相差。混凝土二十八天之彎曲強度應在 49 kg/cm² 以上，坍度應在 2.5 cm 以下為宜。

三、瀝青表層（中間層、磨損層）

厚度不可超出設計厚之 ±5% 以上，竣工表面在三公尺見方內，表層在跑道時應在 3 mm 以下，在其他應在 5 mm 以下，中間層應在 10 mm 以下之相差。

四、瀝青混凝土

多為粗粒式及密粒式，其配合及施工應依馬歇爾安定度試驗進行之。

五、剛性鋪裝之接縫

接縫位置及構造應依照下圖 16–5 為標準，其填縫料要考慮噴射機之噴氣，採用不損傷、耐油性之瀝青材料。

六、柔性鋪裝之表面處理

為防患噴射機燃料洩漏引起瀝青混凝土之損害，應在柔性鋪裝表面作必要之柏油 (Tar) 系統瀝青材料之耐油性材料作封閉層。

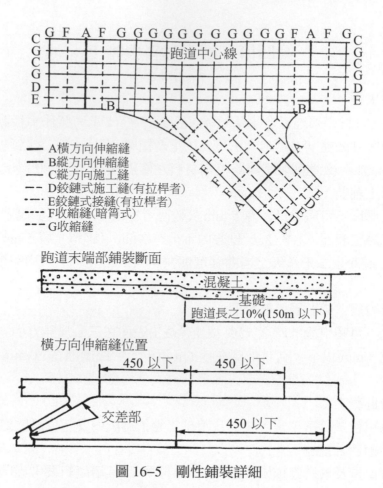

圖 16-5　剛性鋪裝詳細

第五節　標識設施

依規定機場應有下列各種標識:

1.機場名稱標識。

2.降落帶標識。

3.跑道標識:指示標識、跑道中心線標識、跑道末端標識、臨時跑道末端標識、跑道中央標識、接地帶標識、跑道緣標識、積雪起落區標識。

4.滑行道標識:滑行道中心線標識、停止位置標識、滑行道緣標識。

5.風向指示器。

跑道標識多用白色，其他用黃橙色為原則，並採用交通專用塗（油）料（有普通及反射兩種）。

第六節　噴氣圍欄

防患噴射機引擎噴出之噴氣，保護人身車輛者，在機場護坦邊緣設置噴氣圍欄 (Blast Fence)。其結構及尺寸大小依地面坡度，噴射機引擎種類、高度、推力、圍欄之形式，自引擎間距而異。有混凝土噴氣圍欄（圖 16-6），（包括平滑型、橫條型）以及金屬製噴氣圍欄（圖 16-7）（包括曲面型、平面型、橫條型）。

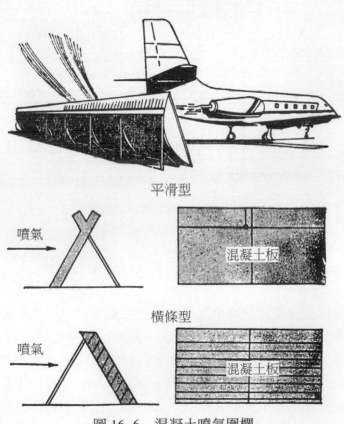

平滑型

噴氣

混凝土板

橫條型

噴氣

混凝土板

圖 16-6　混凝土噴氣圍欄

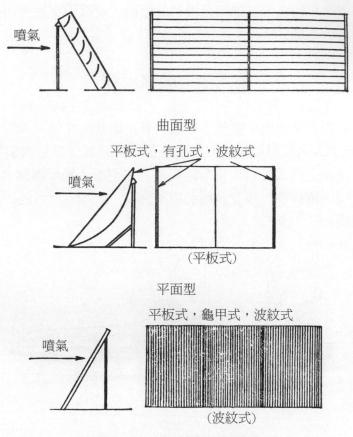

曲面型

平板式，有孔式，波紋式

（平板式）

平面型

平板式，龜甲式，波紋式

（波紋式）

圖 16–7　金屬製噴氣圍欄

第七節　航空管制及燈光照明

　　機場為確保空中交通之安全及秩序，俾促進飛機之迅速暢流計，應把握飛機位置，指引飛機航線、起飛、降落，而進行航空交通管制（Air Traffic Control，簡稱 ATC）。通常為此管制作業而在機場適當（不妨礙航路）處，建造超高之指揮中心，簡稱為管制塔 (Control-Tower)。管制中心在管制塔最高處，四周視野遼闊，以透明安全玻璃作外牆，內裝各種導航儀器、通訊設施，作全天候服務。管制塔為鋼筋混凝土（或鋼管鋼筋混凝土）高層建築，多為圓形或正多邊形平面，以電梯昇降，其詳細施工請參照建築工程之機場建築物及圖 16–8。

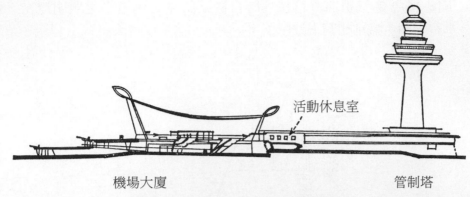

活動休息室

機場大廈　　　　　　　　　　　　　　　　管制塔

圖 16-8　機場大廈及管制塔剖面

　　飛機之飛行分為視覺飛行方式（Visual Flight Rule，簡稱 V.F.R.）及儀器飛行方式（Instrument Flight Rule，簡稱 I.F.R.）兩種。後者完全靠儀器指引飛行及進出機場，前者必須依靠機場之各種補助航行設施來進出機場。除第五節中舉出之各種標識外，夜間應另設下列各種標識或燈光照明，機場各種燈火必須防爆者，並用安全燈罩。

　　1.機場燈塔 (Aerodrome Beacon)：用白綠閃交光或白閃光。

　　2.引導燈 (Approach Light)：用白及紅色燈光照明。

　　3.視覺引導角指示燈 (Visual Approach Slope Indicator System，簡稱 V.A.S.I.S.)，用白及紅色燈光照明。

　　4.引導燈塔 (Approach Beacon)：用白色閃光照明。

　　5.引導指示燈 (Approach Guidance Lights)：用白或黃色燈光。

　　6.跑道燈（Run Way Light，簡稱 R/W Light）：用白及黃色燈光。

　　7.跑道終點燈 (Runway Threshold Light)：用綠及紅色燈光。

　　8.跑道中心線燈 (Runway Center Line Light)：用白、紅、橙色燈光。

　　9.跑道終點標識燈 （Runway Threshold Identification Light，簡稱 R.T.I.L.）：用白色閃光照明。

　　10.接地帶燈 （Touch Down Zone Light，簡稱 T.D.Z. Light）：用白色燈光照明。

　　11.跑道距離標識燈 (Runway Distance Marker)：用白色或黃色燈光照明。

　　12.滑行道燈 （Taxiway Light，簡稱 T/W Light）：用藍色燈光照明。

　　13.滑行道中心線燈 (Taxiway Center Line Lights)：用綠色燈光照明。

下圖 16-9 係飛機將降落機場時自機上所見之跑道上之照明燈光之情況，其燈光顏色識別如圖上註解：

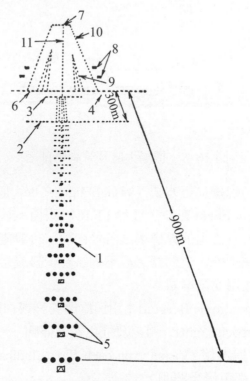

圖 16-9　自飛機看進入機場跑道之燈光

引導燈：	1.中心燈：白色。
	2.十字形燈：白色。
	3.終點燈：紅色。
	4.側翼燈：紅色。
	5.連鎖式閃光燈：白色閃光。
跑道終點燈：	6.綠色燈
	7.紅色燈
視覺引導角指示燈：	8.高於飛機降落路線時用白色與白色。低於飛機降落路線時用紅色與紅色。適當時用白色與紅色。
接地帶燈：	9.用白色燈光。
跑道燈：	10.用白色、黃色燈光。
跑道中心線燈：	11.用白色、紅色燈光。

　　下圖 16–10 係依燈光顏色表示跑道剩餘距離之方法。圖中假若飛機之進行方向相反時，其燈色關係仍相同。

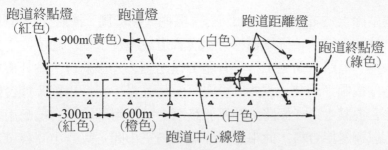

圖 16–10　跑道剩餘距離之燈光顏色表示

　　又其他有關機場之標識大致如圖 16–11，但圖中除 "7" 項為黃色外，其他一律用白色。圖中：

1. 指示標識。
2. 跑道中心線標識。
3. 跑道終點標識。
4. 接地點標識。

5. 接地帶標識。
6. 跑道緣標識。
7. 8. 滑行道標識。

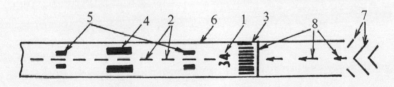

圖 16–11　機場主要標識

第八節　其　他

　　航空站除上述各工程外，如站房、機棚（停機棚、掩體等）、管制塔、排水系統、加油系統……等結構物，水溝管道設施及工程，應依照土方、混凝土、建築物、道路、衛生工程等有關工程之施工方法進行。尤其機場跑道、滑行道、停機棚等鋪裝，需要巨量混凝土及瀝青，而採用鋪築拌合機，該機可一面拌合混凝土，一面將之鋪築於路面上。使用鋪築拌合機應用特製之傾斜卡車，以運送摻合料，此車之車斗隔成兩三小間，每一小間容量足夠拌合一盤混凝土所需之摻合料。鋪築拌合機尺寸大小單室者 27E, 34E，雙室者有 16E, 34E（數目代表拌合之立方英尺拌合量）。

習　題

1. 何謂機場？有哪些分類？

2. 試詳述跑道之施工方法。

3. 試詳述機場工程之材料要求與施工方法。

4. 機場有哪些標識設施？試簡述之。

5. 何謂噴氣圍欄？試簡述其分類。

6. 試述航空交通管制。

7. 夜間飛機場應有哪些照明設施作為導航？

8. 機場工程亦有混凝土工程，試述其與一般工程之差別。

國家圖書館出版品預行編目資料

土木施工法／顏榮記著.——六版一刷.——臺北市:
三民，2022
面；　公分.——（TechMore）

ISBN 978–957–14–6172–4　（平裝）
1. 土木工程

441　　　　　　　　　　　　　　　105011039

Tech More

土木施工法

作　　　者	顏榮記
發　行　人	劉振強
出　版　者	三民書局股份有限公司
地　　　址	臺北市復興北路 386 號 (復北門市)
	臺北市重慶南路一段 61 號 (重南門市)
電　　　話	(02)25006600
網　　　址	三民網路書店 https://www.sanmin.com.tw
出版日期	初版一刷 1985 年 10 月
	五版二刷 2019 年 4 月
	六版一刷 2022 年 3 月
書籍編號	S441620
I S B N	978-957-14-6172-4

三民書局